どんな木も生かす

山村クラフト

時松辰夫 著

小径木
曲がり材
小枝・剪定枝
風倒木
を副業に

農文協

はじめに

この本は、工業デザイナーの秋岡芳夫さん（１９２０～１９９７年）の理念を各地で実践し、指導してきた私の経験や技術とともに、地域の人たちと話し合い、考え、感じたことをまとめたものです。

工業デザイナーの秋岡芳夫さんは、どんなに便利な社会になっても、人間が人間らしい尊厳を失わないために手の力でものを創造し、ものをつくる喜びを大切にすることが大事だと言っています。社会の発展には、手の力の文化を発揮する職人の存在が不可欠であり、その社会参加を限りなく応援し、生涯をかけてだれにもわかりやすくものづくりの社会的意味を語りかけて、導いてくれた人です。

そんな秋岡さんの後押しを受け、私が地域における木工クラフトの指導を始めて35年以上がたちます。関わった地域の数は北海道から沖縄まで、全国33か所にのぼります。教え子の数は４３４人。このうち木工を生業としている人は１４６人います。

私はどこで指導に携わるときでも、それぞれの地域のローカルカラーを大切にすること、またその地に暮らす人々と学び合い、言葉のキャッチボールを大切にすることを心がけてきました。

中でも岩手県洋野町や北海道置戸町、宮城県津山町などはその代表例で、工芸の良質な情報をもとにした新しいまちづくりに向けて、地域住民と行政が一体となって、地域内の他の産業とも連携し合って発信力を高めながら、地域デザインに取り組んでいます。

平成の市町村合併で村という行政単位は激減しましたが、農山村そのものが消えたわけではありません。林業や農業に支えられた山村は、現在、経済的には困難な課題を抱えています。林業の経営不振で木材の伐採量が減り、山林の備蓄量が増加しているため、資源の保全には好ましい時代が続いていますが、国土の根幹となる林業の経営不振は解決されず、また森林の荒廃も進んでいます。

育林は、林業補助政策により、伐採後の植林を確認した上で補助金が支払われる経済ルールがあるものの、山村地域の高齢化で、植林作業そのものは困難さを増しています。木材価格が上がらないまま、伐採経費やコストは上昇する一方、さらに木材需要の新しいニーズであるバイオマス発電の燃料としての供給拡大も求められて、森林再生が進まないうちに資源の枯渇を招くという、深刻な環境問題が予測されています。

この本で提案したい山村クラフトは、こうした地域に暮らす人々が、楽しく豊かに暮らすためにあります。生活文化のデザインに視点を置くことで、足もとの木々は楽しみに変わる資源であり、木を植えることで、自分の手で再生可能な無限の循環を創造できることに改めて気がつくことでしょう。自分の手で生活スタイルをデザインする喜びと自信を持って、林業とともに、新しい令和の時代を気概を持って生きていただきたいのです。

人は、だれでも森林と林業の恩恵を受けています。木は大きく成長すると、伐採して利用するには機械の力が必要となります。機械の能力に合わせて木を利用すると、大きくまっすぐなところだけが利用され、小径木や曲がった木は、廃棄されるか燃料に回されます。しかし人の手による加工を施せば、こうした部分も暮らしの道具として生かすことが可能です。

このように、木は機械の力による生産のかたちと、人の手の力による生産のかたちとでは、つくられるものが違ってきます。ただ、機械力によるにしても、手の力によるにしても、その両方の立場から木の魅力を語り合えるのも、また木と人間の美しい関係のなせるところです。

いろいろな樹種でつくった椀

地域資源である森林は、地球環境のための「保存資源」であり、森林の備蓄量を増やすには、使用量の制限が重要です。同時に人の手で木を植えることで「再生可能」な資源であり、森を愛する人々の森林再生への思いは、皆等しく熱いのです。

山村クラフトは、林業では利用できない小径部分や曲がり材を人の手で丁寧に加工し、品格のある生活用具をつくって、１００円の木から1万円の商品を生み出すことを、「手の力」で可能にする資源の有効利用です。木が人の知恵と手で磨かれて魅力を発揮する、それが山村クラフトのだいご味なのです。山村クラフトを通して、私も林業が直面する地球温暖化対策、そして多様化の一助になりたいと考えています。

本書が山村クラフトを楽しむすべての人に、何らかの参考になれば幸いです。

２０１９（令和元）年12月末日

時松辰夫（82才）

目次

はじめに……1

第1章 山村クラフトの歩み

大量生産の時代に「立ち止まった工業デザイナー」
秋岡芳夫との出会い……12
豊かな社会を平和に持続させるのは
「工作を楽しむ心」である
─秋岡芳夫の「モノ・モノ運動」……12
地域おこしはオーダーメイドの
「コミュニティー生産方式」で……13
大野村での「一人一芸の村運動」の実践……15
秋岡芳夫と大野村との出会い 15
東北工業大学と連携した大野村の地域づくり 16
良質の木工品は廃材の価値を100倍にする 17
針葉樹の学校給食器にプレポリマーを導入 18
コラム 工芸とは 19
一人一芸による地域づくり
＝コミュニティー生産方式 20

やっかいもののアテ材に価値を見出した
北海道・置戸町の器……22
木の文化を暮らしに取り入れるまちづくり 22
木工ろくろの導入でアテ材を生かす 22
オケクラフトの誕生と発展 23
山村クラフトとは何か……25
林業や農業との兼業に適した山村クラフト……25
副業＝裏作としての山村クラフト 25
趣味、副業、生業の違い 26
林業では市場性のない木材にも価値を生む
山村クラフト 26
コラム 暮らしと林業をつなぐ山村クラフト 27
コミュニティー生産方式
企業型生産、組合別生産とも違う……28
山村クラフトに適した「コミュニティー生産方式」 28
農山村にも都会にも求められる山村クラフト 29
〝良質を提供する〟クラフトマンシップの育成 30
地域の生活文化を高めるのが目標 31
林業の6次産業化を山村クラフトから考える……32

農山村から次世代の生活価値を発信する……32
限られた森林資源を無駄なく利用できる……32
林業の6次化のメリットとは……33
コラム　林業現場の価値基準になかった風景の価値　34
同じ資源を使いながら隔たりのある林業と木工……34
広葉樹を生かす道―20年後の林業を思う……35

第2章　地域で生まれた山村クラフト作品

山村クラフトの始まり―地元ならではの素材を生かし、地域で裏作工芸に取り組む……38
見捨てられた学校林から学校給食の器を（岩手県大野村　現・洋野町）　38
秋岡芳夫がかかわりエゾマツの癖材をよみがえらせた「白い器オケクラフト」（北海道置戸町）　40
大工さんの裏作工芸―建築の残材をミズナギドリ風の料理ベラに（島根県隠岐の島町）　41
定年退職後の裏作工芸「木礼塾」―遍路旅の思い出に（高知県四万十町）　42
小径木、曲がり材・廃材・薪用材、樹皮を生かす……42
山村クラフトの原形、スギの小枝の箸枕（大分県北玖珠町）　42
プレポリマーで樹皮付き小径木はボウルに枝は一輪挿しや文具に　43
臭いの強い松ヤニ材も琥珀色の器に（広島県宮島町）　44
街路樹の廃材を森林ボランティアが手づくりの器に（静岡県伊豆市修善寺温泉）　45
朽ちても美しい老梅木の器「ウメ、クリ植えて」から数十年（大分県大山町）　46
生木も樹皮付きで皿や鉢・ボウルに　47
樹皮を生かしたシラカバの白いサラダボウル（北海道置戸町）　48
サクラ並木の風倒木を生かして100年のまちづくり（山形県鶴岡市温海温泉）　48
庭師の心が生んだ「庭の木クラフト」屋敷林・街路樹・剪定枝を生かす（宮城県仙台市）　49
見捨てられる小枝の魅力を取り込んだシュガーポット（由布市・アトリエときデザイン研究所）　50
樹園地更新の廃木でつくる「くだもの器」（山形県上山市）　50
地元の高原野菜が映えるサラダボウル（長野県飯田市）　51
枝打ちしたスギの廃材でつくる「梢の器」（由布市・アトリエときデザイン研究所）　52
日常の気づきを形にする……53
冬の降雪期の副業に木工を―肩たたきと孫の手（岩手県二戸市）　53

地味めの生活用具をおもしろく—鳥の靴ベラとその
スタンド（由布市・アトリエときデザイン研究所）　53
食卓で製造過程が思い浮かぶ「一夜漬けの器」
（由布市・アトリエときデザイン研究所）　54
高齢者にも重さが気にならないラーメンどんぶり
（由布市・アトリエときデザイン研究所）　54
環境にやさしく、使用後は土に還る植木鉢
（由布市・アトリエときデザイン研究所）　54
忘れ物に気づく、イヤリングと指輪のためのスタンド
（由布市・アトリエときデザイン研究所）　56
傷つきやすい桐の座卓が扱いのやさしさを育む
（由布市・アトリエときデザイン研究所）　56

伝統と現代技術の融合……58

曲げわっぱ＋成形曲げ加工で「笑うえびす弁当」
（由布市・アトリエときデザイン研究所）　58
「成形曲げ加工」で洗練された造形の曲げわっぱ
（由布市・アトリエときデザイン研究所）　59
伝統の大館曲げわっぱにろくろ加工
（秋田県大館市）　60
パンや料理を盛る「浅いお櫃」を能代の桶樽技術で
（秋田県能代市）　60
高速回転の刃によるルーター加工の器　61
ルーター加工—楕円のクッキー皿、パン皿
（秋田県能代市）　63
ルーター加工—大野村の長方形の調味料トレー
（由布市・アトリエときデザイン研究所）　63
相似形仕立てが容易なルーター加工で花盆
（由布市・アトリエときデザイン研究所）　63
ルーター加工で彫り抜きした
「スイーツ列車」のランチボックス
（由布市・アトリエときデザイン研究所）　64
生木をプレポリマーで加工したニマの器
（熊本県熊本市・熊本県伝統工芸館）　64
原点回帰、弥治郎こけしの技で箱づくり
（宮城県白石市）　66

農林漁家の営みを支援する……67

稲作の継続を支える米「ゆきむすび」のおむすびが
映えるえびす盆（宮城県大崎市鳴子温泉）　67
豊穣を祝う稲わらの器（山形県真室川町）　67
魚付き林の廃材を使った元漁師たちの器づくり
（宮城県唐桑町　現・気仙沼市）　68

張り合わせの楽しみ……69

端材を矢羽根模様にした卓上用くず箱
（由布市・アトリエときデザイン研究所）　69
表具師の伝統技術「重ね切り」を曲線加工に生かす
（由布市・アトリエときデザイン研究所）　70
風倒木や間伐材でつくる「幸せの木の葉皿」
（大分県中津江村　現・日田市）　70

スギの間伐材でつくる綾織盛皿（由布市・アトリエときデザイン研究所）71
スギの間伐材を矢羽根集成材にした「ツヤマボード」（宮城県津山町　現・登米市）71
重ね切りの板を張り合わせた木の葉のベンチ（由布市・アトリエときデザイン研究所）73

地域素材を生かす……75
リュウキュウマツでつくる「ミーフギチャダイ」（沖縄県石垣市）75
海岸沿いのクロマツで食器づくり（茨城県大洋村　現・鉾田市）76
150の樹種からなる広葉樹林を生かした「一〇一種類の木の椀」（島根県匹見町　現・益田市匹見町）76
町のピンチから生まれた鶯沢のあかり（宮城県鶯沢町　現・栗原市）77
島の天然ヤブツバキでつくる生活木工品（長崎県上五島町　現・新上五島町）78
水源林のスギ丸太でつくる水紋皿（東京都奥多摩町）79

竹を生かす……80
ろくろ加工でつくる竹の箸立てや花立て（大分県別府市）80
竹を煮沸してつくる曲げ丸盆と角盆（由布市・アトリエときデザイン研究所）81

形状のおもしろさ……81
葉の形をデザインにした、カツラのバレンタインハート皿（由布市・アトリエときデザイン研究所）81
虫食い穴が楽しい立食パーティー用の器（由布市・アトリエときデザイン研究所）81
ろくろがなくてもつくれる、細いすきま皿（由布市・アトリエときデザイン研究所）82

第3章　山村クラフトの技法

木材の入手から乾燥・木取りまで……84
材料をどう入手するか……84
半割丸太工法でどんな木も100倍の価値を生む……85
半割丸太工法に欠かせない木材の乾燥……86
除湿乾燥が最適、電子レンジの活用もおすすめ……87

木工ろくろを活用した山村クラフト……88
山村クラフトに適した木工ろくろ加工……88

木工ろくろを使って椀木地を加工する……89
木取り　89
荒挽き（荒削り）90
荒乾燥　90
中挽き　91

仕上げ乾燥　91
仕上げ加工　91
木地加工に必要な機械と工具……92
原木からの木取りに使う―帯鋸　92
形状をつくり出す―木工ろくろ　92
木地を固定する―ペンチ・平ヤスリ　94
ろくろ鉋や仕上げ刃物の鍛造方法　94
加工しながら内・外径を測る―外パス・内パス　97
形状の確認に使う―シナベニヤ　97
仕上げの研磨に使う―サンドペーパー　97
木工具の安全基準と取り扱い……99
山村クラフトの強い味方「プレポリマー」……100
プレポリマー（産業用木固め剤）のすぐれた特徴
―木材の水分管理を容易に……100
プレポリマーの塗装方法……101
安全安心な食器製作……106
木工塗料を安全に使うために
―安全基準と取り扱い法……106
安全安心な食器製作のために―衛生管理の注意点……108
山村クラフト製作方法の一例……109
炒めベラのつくり方……109
輪切りのコースターのつくり方……111
果樹の枝を使った箸のつくり方……111
木工ろくろを使わないニマの器のつくり方……113

第4章　山村クラフトのグランドデザイン

人を育むデザイン……118
人間の尊厳を守るクラフトマンシップ……118
クラフトマンを育てる……118
コラム　クラフトへの情熱がつなぐ地域と大学　119
デザインのセンスを磨く……120
設備・技術よりも大事な美的センス　120
デザインセンスを磨く3つのポイント　120
見て知るかたち、自然の中に学校はある　121
描いて知るかたち、線のデザイン　121
比べて知るかたち　122
地域ストーリーをデザインする……123
四季・旬・節句・祭り　暮らしの知恵　123
好きの持続と関心度　124
生活の中で繰り返す、習慣の環境をつくる　124

10年たってやっと始まる
—地域の反発とどう付き合うか 125
売り方をデザインする …… 126
「商品」を生産する …… 126
「売る」とは社会と連携すること 126
商品生産の向こう側にあるサービス生産 126
商品の基準を設ける …… 128
売る場所を選ぶ …… 128
使い手の希望に触れる展示会を企画する …… 129
展示会に関わる作業 129
値段をつける …… 131
販売経費が重要 131
価格の設定 132
長く愛用される良質な品格に、改良を惜しむな …… 135
道具づくりができるということ—修業時代とは 135
技術自慢ではないクラフトマンシップと提案力 136
時代に合った生活用具をつくる 136
地域のデザイン …… 137
地域との関係性の中にあるデザイン …… 137
コラム デザインは意匠ではなく設計である 137
地域の環境や素材を生かす …… 138
主原料の選択 138
地域に合った技術を探す 139
コラム 使い手には間伐材も廃材も関係ない 139
まちづくりは「風景」と「おいしいもの」のふたつが大切 …… 141
森を守る地域経済は国土と地球を守る …… 142
コラム 実演・注文・販売もする
生活情報館としての熊本県伝統工芸館 143
コラム 比べて知るかたち
—デザインを磨き、技術を向上させる道 144
あとがき …… 145
教え子から見た時松辰夫 …… 147
山村クラフト情報拠点 …… 150

第1章 山村クラフトの歩み

大量生産の時代に「立ち止まった工業デザイナー」秋岡芳夫との出会い

豊かな社会を平和に持続させるのは「工作を楽しむ心」である
―秋岡芳夫の「モノ・モノ運動」

日本で最初期の工業デザイン事務所「ＫＡＫ」を設立し、戦後の工業化黎明期に家電や家具、寝台列車、そして今でも現役の三菱鉛筆「ｕｎｉ（ユニ）」など、４０００点以上を手がけた工業デザイナーの秋岡芳夫さん（１９２０～１９９７年）。しかし、やがて秋岡さんは、工業が進歩するほど、日本の固有の生活文化、とりわけ地方の職人の手仕事が消えていくのに危惧を抱くようになりました。

人間の尊厳が大切にされる社会を平和に保つには、人は創造し、工夫し、工作を楽しむ心の豊かさがなければならない、そう考えた秋岡さんは、これまでの工業生産を指導してきた立場から一転して、大量生産・大量消費をやめてモノを大切にする愛用者になろうと決意したのです。そして１９７０（昭和45）年ころから、自らを「立ち止まった工業デザイナー」と名乗り、賛同する仲間たちと、者と物のいい関係をつくる「モノ・モノ運動」を展開しました。

秋岡さんの主宰するモノ・モノサロン（東京・中野）を拠点に、プロジェクトごとに賛同するメンバーを集めて構成するグループモノ・モノ。彼らによって、１９７１年に東京で「今日のクラフト展―暮らしの提案」が開催され、暮らしの道具として何がよいもので、どう使って、どう大切にすべきかが具体的に示されました。

この展覧会はその後、京都、仙台と巡回。その反響の大きさに応えて、１９７４年には、「素木《しらき》のモノ展―木とつき合ってきた日本人」が東京、名古屋、札幌、京都で開催され、展覧会方式による手仕事でつくられた木の生活用具の流通が試みられて、好評を博したのです。こうした活動は、木を愛する生活文化が日本に健在であること、これからもよい製品が生まれることを期待している愛用者が多いことを浮き彫りにして、頑なな職人たちを励まし、彼らの社会参加を促すこととなりました。

このころ、大分県日田産業工芸試験所に勤務していた私も、縁あってモノ・モノ運動に初期のころから賛同し、産地紹介とつくり手たちの研鑽になるよう、秋岡さんとグループモノ・モノが企画する「木のもの展」や「いいものほしいもの展」など、地方の職人たちのすぐれた仕事を紹介する展示会へ、林業現場の有利性を生かした「山村クラフト」を出品し続けていたのです。

樹皮を生かしたクヌギ皿（写真：熊本市・熊本県伝統工芸館）

地域おこしはオーダーメイドの「コミュニティー生産方式」で

秋岡さんは個人のデザイナーとしても、北海道や

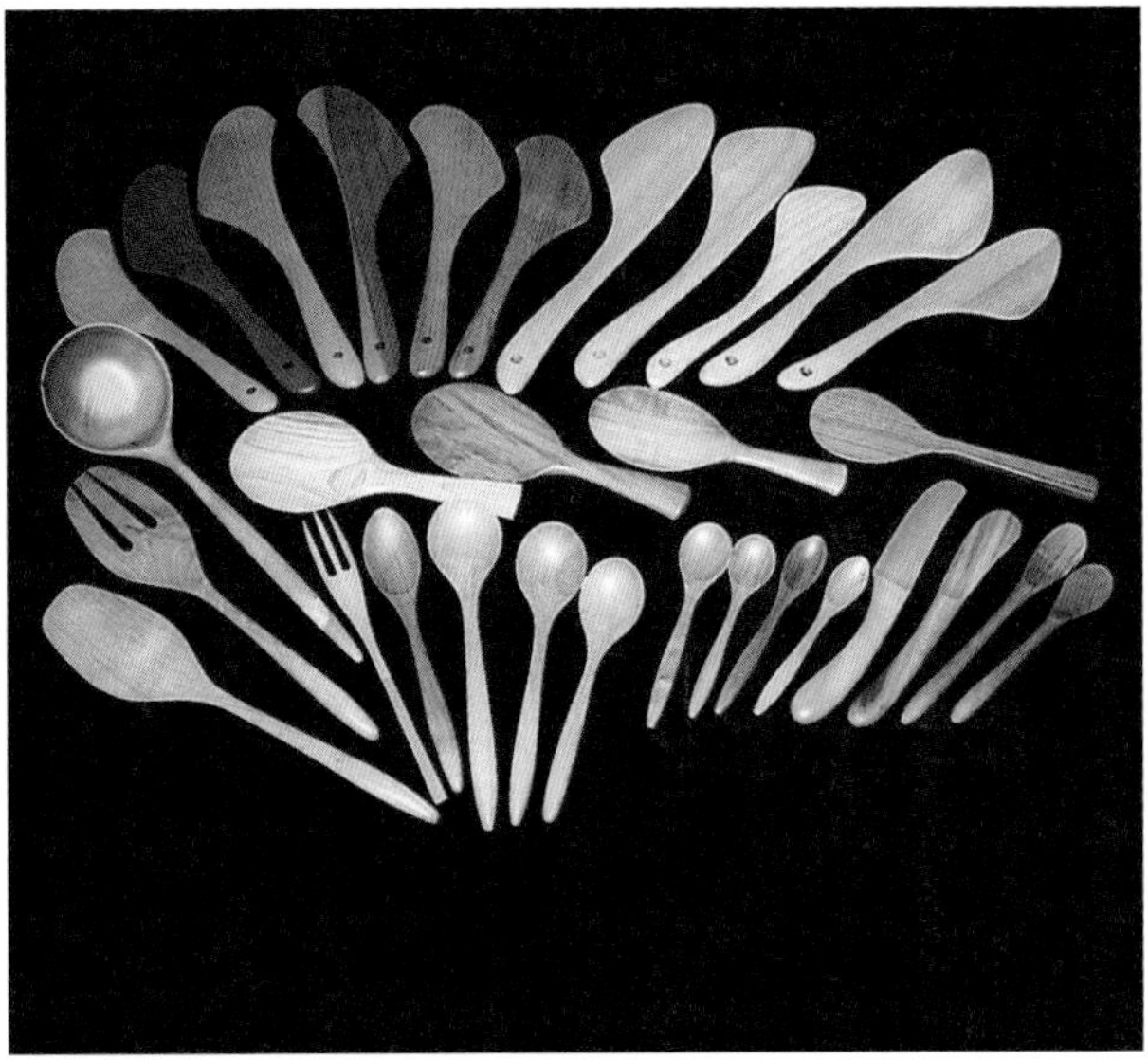

身近にあるさまざまな樹種による調理器具のいろいろ

大分県で、その地域の素材を生かしたクラフト製品づくりについて、デザイン、製作はもちろん、商品開発から流通に至るまで指導していました。当時、過疎化が進む農山村では、地域経済の振興のために、伝統工芸を産業として取り組もうという動きが各地で起こっていました。しかし秋岡さんはこれを「ムラおこし、町おこしを工芸で、という考えは甘い。どだい工芸ほど儲からない商売はない。たっぷり時間をかける手仕事だから、手間賃の高い日本では産業化・企業化は無理である」とし、高品質でかつ誂《あつら》え（オーダーメイド）がきくようなものづくりを地域の小さなコミュニティーで行なう「里ものづくり」を提唱したのです。「里もの生産方式（コミュニティー生産方式）」の概念はここから広まっていきました。

1977（昭和52）年、秋岡さんは「モノ・モノ運動」の賛同者だった東北工業大学の山下三郎教授に乞われ、宮城県仙台市にある同大学の工業意匠学科教授に就任。学科長となって、翌年にはトヨタ財団の研究助成金を受け、第三生産技術研究室を創設しました。

秋岡さんは家電製品や車など、大手企業の純工業的設備投資によるベルトコンベアやロボットを使っての生産のかたちを「第一生産技術」、地場企業や漁業組合や畜産組合のような業種別組合の生産のかたちを「第二生産技術」と分類。それに対し、山村の地域では、そのどちらでもない向こう三軒両隣的仲間同士のコミュニティーによる生産のかたちがあり、そこでは地域の風土や生活の知恵が反映されて、豊かな生活用具がつくられているとして、これを「第三生産技術」と呼びました。そして、工業化社会の発展の中で職人の技術やコミュニティーが急速に失われつつあった中で、この「第三生産技術」を支援する目的で、研究室を設立したのです。

この研究室では「コミュニティー機能の再生・増幅」のために、余暇時間を活用する「裏作工芸」の実践的研究が行なわれ、地域の資源を生かし、そこに住む一人ひとりが得意なことを伸ばすことを通して、地域全体を手づくりの里とする「一人一芸の村」の構想が提案されました。

山村クラフトの作品　蓋つきの白い器「オケクラフト」

大野村での「一人一芸の村運動」の実践

秋岡芳夫と大野村との出会い

１９７８年、岩手県工業試験場を介して、秋岡さんに岩手県大野村（現・洋野町）から、過疎農村再生の相談が持ち込まれました。

１９７０年代の岩手県大野村は、大きな産業もなく、農業と酪農が中心の寒村でした。自然条件の厳しさから、大工や土工として一年を通しての出稼ぎが多く、当時の村民1万７３００人のうち１１２０人が出稼ぎに出ていたほどで、その高い割合から「日本一出稼ぎの多い村」と呼ばれていました。

村に一軒だけの木工所を営んでいた三本木烈《いさお》さんは、当時30代半ば。工業化によるアルミサッシの普及で建具の仕事が減り、村のすすめで大野民芸家具協同組合を設立して、県の補助事業である出稼ぎ解消実験事業で民芸調の木製玩具づくりを試みたものの、うまくいっていませんでした。

状況打開のヒントを求めて、グループモノ・モノが仙台で開催した「木のもの展」へも行きましたが、当時話題の木の生活用具といっても、これまでに見たことのないものばかりで自力で取り入れるのは難しそうです。そこで三本木さんは県主催の地場産業セミナーに出席した際に、県の工業試験場の湯口晴彦さんの紹介で、講師であった秋岡さんに大野村への来訪と指導とを直接懇願したのでした。これが秋岡さんと大野村を深く結ぶきっかけとなったのです。

その後、湯口さんの案内で大野村と周辺の久慈市のパルプ材集積場を視察した秋岡さんは、直径90㎝、長さ１ｍもの銘木の良材が、長さが短いというだけで雑木としてチップに砕かれてしまうという、あまりにも痛ましい有様を見ました。この経験から秋岡さんは、林業現場ではほぼ無価値とされるこれらの木が、大野村の出稼ぎ大工の手で活用できたらと考えたのです。

１９７９年、秋岡さんは「一人一芸の村」の構想に共鳴した大野村の佐々木義明村長から依頼を受け、村の工芸コミュニティー計画推進委員となりました。そして、東北工業大学工業意匠学科第三生産技術研究室の山下三郎、舛岡和夫両教授を先頭に、学科のすべての教員と学生が、大野村の地域再生を支援する実践的研究に踏み出しました。

そこでまず行なわれたのが、大野村の気候風土と農業・酪農・林業、それに暮らしや慣習、出稼ぎ対策、生活改善などをつぶさに調査することでした。

東北工業大学と連携した大野村の地域づくり

私は少年時代から愛読していた雑誌『工芸ニュース』を通して「世界の手仕事の宝庫、日本の東北」というイメージを抱いていました。機会があればぜひこの東北で学びたいという夢を捨てきれずにいたのです。１９８０（昭和55）年の春、とうとう日田産業工芸試験所をやめて第三生産技術研究室に客員研究員として参加しました。そして先の第三生産技術研究室での調査の結果を受けて、大野村の木を活用した器づくりの指導を現地で行なうことになったのです。

このとき、食生活改善のための木の器と世界の料理体験を近畿女子短期大学の山崎純子さん（第三生産技術研究室・客員研究員）、乳製品の加工を東京食糧学院の森雅央さんのチームが担当されることも決まりました。

こうして秋岡芳夫さんの指揮のもと、村民に「一人一工夫」を提案して、現状の収入を確保しながら、本業の裏作としての工芸技術の導入によるコミュニティー回復を目ざす、「一人一芸　工芸の村づくり」の実践的研究が本格的にスタートしました。

「一人一芸」、「裏作工芸」への理解を深めてもらうため、秋岡さんは、著書『工芸生活のすすめ　工芸人間ただいま裏作中』（みずうみ書房）を出版し、大野村民へ工芸思想の普及につとめます。しかし、言葉や文献学習での理解には限界があると考え、秋岡さんは視覚的、体験的に認識できる機会としてデモンストレーションの場もつくりました。私を含め全国のクラフトマンの作品の展覧会を開催したり、東北と北海道の北の匠に「ＨＯＣＣＯ（北ッ子）」という愛称をつけてブランド化し、彼らのすぐれた生活用具を集めて開催した「ＨＯＣＣＯ展」で製作実演を行なったりしたのです。いずれも村民が生活工芸品を直接手に取って見るという体験を増やすこ

木工ろくろの実演

とを狙ったもので、文献学習の限界をこえる体験の場をもってもらうという考えからの取り組みでした。

　また、移動大学として、さまざまな講演会や映画上映、工芸品の展示・即売などを行なうイベント・「キャンパス」を、春・夏・秋・冬と大野村で開催します。山崎さんは食の提案、森さんは乳製品の加工を担当され、私も木工ろくろの実演を行なうなどし、好評を得ました。このイベントには内外から参加者が集まりましたが、大野村民も1980年の春は1500人、夏は300人、秋は3000人、冬は300人が参加しての交流となりました。

　大学の大野村への支援は10年続き、この間に村の全産業の情報を束ねる「大野村産業デザインセンター」が開設され、地場産品の開発や普及に関する業務を行なう「大野ふるさと公社」は、70人の雇用を創出することができました。このように村民と大学が一体となって地域の再生に取り組むやり方は、のちに「大野村方式」と呼ばれ、農山村振興のモデルのひとつとして、大野村は全国に知られる存在となりました。

良質の木工品は廃材の価値を100倍にする

大野村で木工グループの指導を始めるにあたり、私が危惧したのは、工芸についてまったく知識のない村民が学ぶのですから、通常の段階的な技術習得では、時間がかかりすぎて彼らの情熱が続かないのでは、ということでした。

　このとき木工をやってみたいと手を挙げたのは、すでに木工所を営んでいた三本木烈さん、それに出稼ぎをやめた佐々木米蔵さんら7名。彼らが木工グループ・時松塾の第1期生となりました。

　「鉄は熱いうちに鍛えよ」といいます。私は思い切って、下から階段を徐々に上るのではなく、上から下へ前代未聞の、の段階的技術習得の手法を試みることにしました。私が手助けしながらどんどん製品をつくらせ、そのつくり方や流通について体験してもらい、感じてもらうことにしたのです。しかも、伝統工芸と肩を並べるほど上質なものをつくることを目ざさ

時松塾での木工ろくろの指導

せました。

品格のある上質な木の生活用具は、「素材美」「機能美」「工作美」をもって、愛用者に「用の美」を提供するクラフトデザインの思想そのものです。その思想をどうやって彼らに伝えていくか、私は頭を悩ませました。


工芸のひとつとしての「クラフト」を、未経験の大野村の人たちに習得してもらうには、関係づくりが大切です。大学の研究室で考えているだけでは、時間が到底足りません。私は村民の信頼を得るには、毎日村民と同じ服装で、同じ釜のメシを食うことに限ると考え、村の精米所の屋根裏部屋を格安で借りて、常駐を勝手に決め込み、厳冬には電気ストーブを抱えて過ごしました。

それまで村の林業では、木材は大径木利用の建築材や木炭の生産以外には経験がなく、直径10～15㎝、長さ１ｍの木炭の原木は、当時１本80円から１００円しかしませんでした。そんなところで木材を１００倍に生かす木工をやろうと言っても、最初はだれにも相手にされません。

その原木１本から、丸太を半分に割り、器の木取《きど》りをする半割《はんわり》方式で椀をつくると、節や傷を除いても、１本から12個の椀ができて、椀１個が３０００円となり、合計３万６０００円の商品価値が生まれます。私がそれを実演すると、工芸の手法に皆目を見張ってくれましたが、果たして本当に１個３０００円で売れるのか、疑心暗鬼のようでした。「北ッ子展」で椀が３０００円で売れていたことを説明し、やっと納得してもらったのです。

針葉樹の学校給食器にプレポリマーを導入

食器用の塗装方法も課題でした。大野村の隣町の浄法寺町は、日本で最も良質の「漆《うるし》」の産地であり、岩手県を含めた東北地方は、古くから上質の漆器の産地です。しかし漆はかぶれることから、当時大野村ではだれも扱っていませんでした。そこで私は、村民のだれもが取り組みやすく、木のそれぞれの個性を生かすのに最良な塗料として、開発されてからまだ数年だった透明なプレポリマー（産業用木固め剤）を導入することにしました。

プレポリマーは、もともとは文化財の修復のために開発された浸透性のポリウレタン系樹脂塗料で、木材の親水性を低下させ、木材の狂いを防ぐ効果があります。硬化すると無色透明の高分子樹脂となり、人体に無害で、耐久性も増すことから、それまで器には向かないとされた木材にも加工への道を開いた画期的な製品でした。

1982（昭和57）年、この塗料を使ってアカマツの木目を生かした美しいデザインの給食用食器が大野第一中学校に導入され、その後、村の全域の学校や保育園で使われるようになりました。このことはマスコミからも、日本初の針葉樹の給食用食器として注目を浴び、全国から商品の注文が殺到。時松塾の面々を大いに勇気づけるとともに、村民からも村の誇りとして受け止められたのです。

技術習得の階段が上から下に着くまでには、結局8年もの常駐指導が必要となりましたが、こうした時の流れの中で、未経験だったメンバーは、徐々に伝統工芸の思想を実感を持って学んでいきました。

工芸とは

工芸は、林業においては木を加工する技のことであり、技によって利用できるようになった器物を指しています。工芸は、諸芸術の中でも最も古い起源を持つといわれ、中国では、宋の時代（960 ~ 1279年）にはすでに工芸という単語が使われていたそうです。漢の時代には、諸条件を考慮して素材を活用し、生活用具をつくることを「百工」といい、人間が創造し技を受け継いでいくことを「工」と表現していたとか。つまり、人々が暮らしの中で技を必要とするものすべてが工芸であり、万人が何らかの工をもって暮らし、芸術も産業も遊びもファッションもすべて工芸の概念のうちにあったのです。

『日本のデザイン運動―インダストリアルデザインの系譜』出原栄一（1992年、ぺりかん社）によれば、日本では明治10年代（1877 ~ 1886年）に工芸という言葉が広まり、30年代に絵画・彫刻・建築・工芸の序列に区分されて、絵画は「視覚芸術」として純粋を求めるもので、工芸とは「触覚と鑑賞と実用」を求めるものだとして「応用美術」に区分されました。

しかし、芸術とは社会や政治への批判を主題にすることもあることからわかるように人間の生活に根差したものであり、自由表現の世界であるべきで、何か芸術上の機能を想定したり、純粋化を求めるのは困難です。隣接するジャンルと重なり合っている部分を認め合い、広く共存しているものなのですから、「視覚芸術」や「応用美術」といったカテゴライズができるものではないというのが私の考えです。

その後昭和になってから、暮らしの思想の高まりと欧米からの影響によるデザイン活動の活発化によって、クラフトというジャンルが確立されました。

その間、時松塾の現場だった工房が2度の失火に遭い、全財産が灰となる体験もしました。しかし、日田産業工芸試験所の退職金で用意し、塾生に無償で貸与していた「トキマツ式木工ろくろ」4台は幸いにも火災をまぬがれ、今も活躍中です。

一人一芸による地域づくり＝コミュニティー生産方式

「一人一芸」、「裏作工芸」のねらいは、村民一人ひとりが現在の本業を大切にしながら、裏作（副業）として取り組んで生活の質を高めることでした。みんなが共感できるキャッチフレーズ「一人一芸」を合言葉に、生活の中で「一人一工夫」を実践することで工芸の思想を学び、豊かさを感じ取ることを目的にしていたのです。たとえひとりではできなくても、他の人と支え合える一芸はコミュニティーの回復を促し、素材、技術、流通において、地域に根差した「コミュニティー生産方式」を回復させることになりました。

そして村の再生に向けての大野村民のくじけぬ熱い情熱は、仙台通産局（現・東北経済産業局）をはじめ、内外の数えきれないほど多くの方々からの公私をこえた支援に支えられて、いくつもの課題を乗

プレポリマー加工により樹皮も器のデザインとして生かせるようになった

りこえながら発展への道をたどることができたのです。

あれから約40年経過しましたが、大野村の給食用の食器は、今も近隣の自治体や関東の多数の保育園、そして全国の個人宅で愛用されています。短期間での大量生産ができないという事情もあり、注文を受けてから1年待ちと言われるほど人気の地場産業に成長しました。

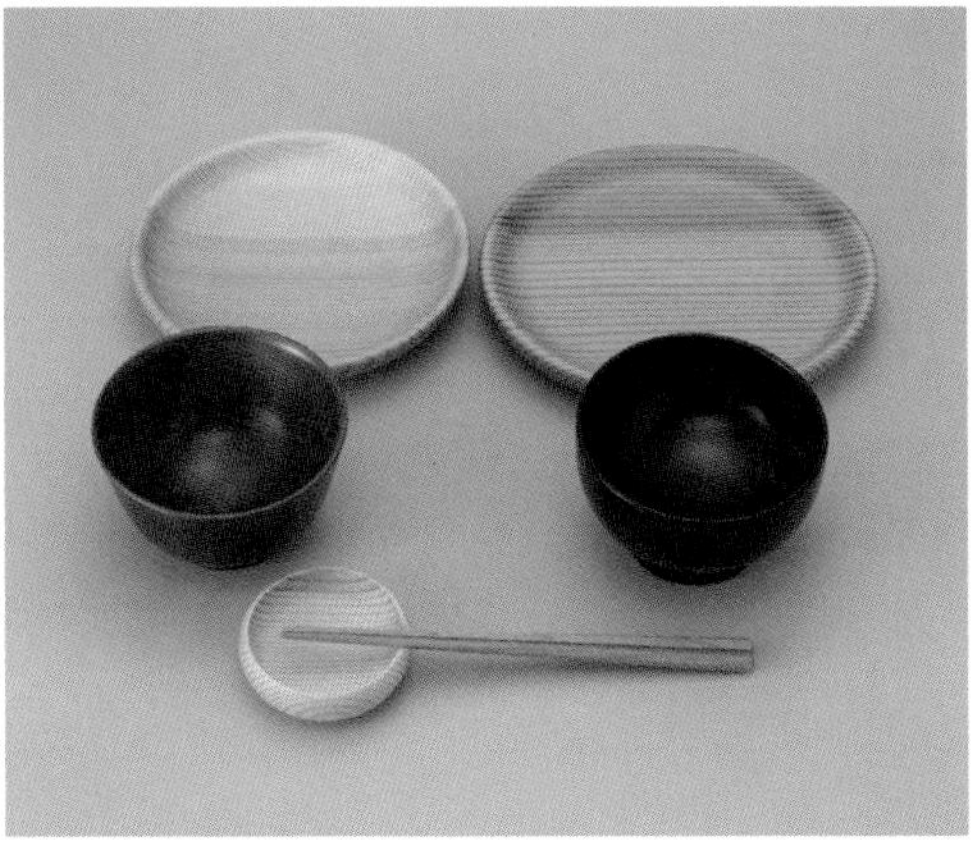
大野村の学校給食器

村で最初に秋岡さんと関わりを持ち、時松塾で学んだ三本木さんは、今では現代の名工（厚生労働大臣が表彰する卓越技能者）と認められる存在になりました。佐々木米蔵さんは東北じゅうの漆芸作家の木地を挽くほどの腕前で、後進の育成にも熱心です。

大野村での山村クラフトの実践は、林業にも新しい方向性を生み、工芸の持つ発信力は、村の経済と生活意識と文化を大きく変えました。このことは岩手県北の近隣町村との信頼関係を築くことに役立ち、そればかりか日本の雪国の手仕事を範としたといわれる北欧のデザイン先進国、フィンランドとの国際交流へもつながりました。今では大野小学校の生徒たちが一人一芸の村への歩みを、誇りをもって学芸会で演じるまでになっています。

「大野村方式」の全貌は、当時事務局を担当していた舛岡和夫教授により、『大野村の裏作工芸・一人一芸の村の記録』『大野村学校給食器の成立過程の吟味』など渾身の記録集に克明に残されました。

秋岡さんと私たち第三生産技術研究室の大野村での経験は、その後の大学の地域指導や北海道置戸町のまちづくりに生かされ、現在は当時学生への指導の主要メンバーだった菊池良覚学科長に引き継がれています。

やっかいもののアテ材に価値を見出した北海道・置戸町の器

木の文化を暮らしに取り入れるまちづくり

大野村での事例を手本に、1980年代に社会教育の一環として、木の文化を暮らしに取り入れる活動が始まったのが、北海道の置戸町です。

この町は林業を中心に発展してきましたが、1960年代半ばには他の産地同様に勢いを失い、人口も減って、1970（昭和45）年には過疎地域として指定されるほどになっていました。

一方で戦後、教育を中心としたまちづくりに熱心に取り組んできたという経緯もあり、町は1980年に策定した第3次社会教育5ヶ年計画から「地場資源の付加価値を高める生産教育の推進」を打ち出し、町民に人間教育として生産技術や知識を身につけさせることで地域の活力を高めようとしたのです。

それ以後、町は毎月18日を「木に親しむ日」としたほか、図書館に木に関する本を集めたコーナーを設けたり、空き住宅を活用して木工作業用の施設「ぶきっちょの家」を設けるなどの地道な取り組みを行なっていました。

木工ろくろの導入でアテ材を生かす

図書館に置かれていた著書が縁となり、1983年に、町が主催する催しに講師として招かれた秋岡芳夫さんは、講演後に「ぶきっちょの家」で活動している青年たちと懇談し、彼らに地域資源を生かすために木工ろくろの技術を導入することをすすめ、この地から新たな生活文化の発信をと提案しました。

このことをきっかけに、当時、秋岡さんが学科長を務める東北工業大学（工業意匠科）の客員研究員であった私は、同年5月からこの町で木工ろくろ講座を始めることになったのです。

置戸町は、真冬はマイナス30℃にもなる土地柄であるため、本州では見られないエゾマツ、トドマツが町の顔となっています。まっすぐに天を突くエゾマツは、通直（木目が縦にまっすぐ通っている）な

木工ろくろでアテ材（癖材）を生かす

大木で、やわらかく粘りがあり、木肌はきめ細かく真っ白で、建築材や経木（曲げ物の木地）や割箸に使われます。しかし、エゾマツのように極寒の地に生き抜く樹は、太陽を受けない幹の北側が、アテと呼ばれる癖材となり、製材現場ではその堅くて狂い暴れるアテの部分は削り取って薪やチップに回すか、林内に放置するという長い歴史がありました。

しかしこの扱いにくいアテの部分も、大野村での器づくりで使用したプレポリマー加工の技術があれば、クラフトの素材としての活用が可能になります。私が木工ろくろ講座で、それまでやっかいもの扱いされていたアテ材の木目の美しさがクラフトに向いていること、それが器にしたときのデザイン的な特徴にもなることを伝えると、地元の人たちは驚きとともに、身近な木に対する価値観の転換として喜んで受け止めてくれました。

オケクラフトの誕生と発展

町に残っていた曲げ輪職人の技術に、新しく導入した木工ろくろの技術が加わって、アテの部分で椀や盛り皿をつくってみると、針葉樹とは思えない、丈夫で耐久性のある、明るく美しいものが生まれました。秋岡さんは、それらを町の名前と地元で昔から地域産業として生産されていた曲げ桶にちなんで「オケクラフト」と命名し、雑誌『芸術新潮』で紹介。11月に日本橋高島屋で開催された「北ッ子〃白い器〃展」で展示会デビューを果たすと、大好評で注文に生産が追いつかないほどでした。置戸町で指導を始めてから数か月の間の急展開です。

この年には、町民有志による森林文化研究会も発足。これによってエゾマツの廃材の開発研究が進みました。

また、大野村の活動でもご一緒した、秋岡研究室の客員研究員である山崎純子さん（近畿大学豊岡女子短大　現・豊岡短期大学）の指導を得て、「美しい器においしい料理」をテーマに、オケクラフトに合う料理を地域の食材を使って考える「白い器料理教室」も始まったのです。

この教室から生まれた町内のご婦人方による料

北海道置戸町の町長とオケクラフトを検討する

理研究グループ「とれびあん」は、海外のメニューを取り入れた料理をエゾマツのアテ材の器に盛りつけるパーティーを何度も催し、町民とともに食と器の関係を学ぶ場を設けてくれました。

１９８４（昭和59）年には、オケクラフトを町の産業として育てていくためにつくり手の養成が急務となり、オケクラフト研修生の制度が始まりました。また町内の小学校での木製給食器の使用も始まり、子どもたちに木製の器の心地よさを伝え、郷土への愛着を育む機会となっています。

１９８８年には、オケクラフトをはじめ、地域でつくられた製品を展示販売するショップ、つくり手の養成や商品開発を行なう工房などがある教育施設「オケクラフトセンター森林工芸館」もオープンしました。

その後１９９０（平成2）年には、地場産業の研究をテーマに、東北工業大学第三生産技術研究室の置戸分室が開設され、山下三郎、舛岡和夫両教授を中心に、学生たちが置戸町の未来の街並み整備の壮大なモデル製作に取り組みました。

これらから発信する良質な情報がまちづくりに生かされて、街並みの整備や温泉熱利用の農業、余暇と健康と自然を楽しむ広大なパークゴルフ場の建設などが行なわれ、年間80万人の来町者を迎えるようになりました。

秋岡さんが名付けた「白い器オケクラフト」は、今や北海道を代表する特産品です。毎年募集する研修生は、2年の研修を終えると順次自立。20以上の工房が、生活文化を豊かにするまちづくりの中核となって生産に励んでいます。米国の大学との交流会を行なったり、米国人の工芸アドバイザーを招くなど国際交流も進み、かつて過疎に苦しんだ町は、北海道の人材育成の先進地となりました。

１９９４年に「オケクラフトセンター森林工芸館」に隣接してできた「山村文化資源保存伝習施設」（通称どま工房）には、秋岡さんが逝去された後に、その膨大な道具や器のコレクションがご遺族から寄贈され、秋岡コレクションとして保存・研究されています。

山村クラフトとは何か

林業や農業との兼業に適した山村クラフト

ここまで秋岡芳夫さんの「モノ・モノ運動」から、大野村と置戸町での「裏作工芸」実践へ至る流れとその実際の状況を書いてきましたが、ここからは山村クラフトとは何なのか、それが成立するにはどのような条件が必要なのかを詳しく述べていきたいと思います。

副業＝裏作としての山村クラフト

山村クラフトの最大の特徴は、山村地域の主業である林業や農業がまずあって、その閑散期に家族労働を活用して収入を得ることができるということです。

副業として定着させるためには、女性や高齢者の労働を生かせるように働きやすい環境の整備や手当の安定を考え、また習得しやすいやさしい技術や、場合によっては人に見られることを前提にした見栄えのいい仕事を演出する必要があるでしょう。

副業というのは、企業で働く人の「残業」のようなものではなく、本業の農林業に従事する人たちが、一日の仕事の合間や農閑期にやっている仕事のことです。家計の主収入とは別に、余暇時間を生かした家族労働ですから、その時間を楽しめる生活環境のデザインが要求されます。もっとわかりやすく言うと、作業環境の整備、「寒い」とか「暗い」とか「汚い」といった、いわゆる3K的イメージを排除する必要があるのです。人生の楽しい裏作が、やがて楽しい生業に発展することを期待します。

山村クラフトを生業としてある程度の規模を持って地域に導入する場合、労働環境の整備として、産休やボーナス、社会保険などが一般企業の条件に近づくことも必要です。

木でものをつくるには、素材と道具と基本的技術が必要で、趣味であっても生業であっても、社会に「良質なもの」を提案する姿勢でなければなりません。

取り組みにあたっては、余暇時間の活用で、本業の裏作、人生の裏作のつもりで取り組むと生活に無理が生じません。趣味から副業・生業へと自然に発展することが理想です。習得する目標を人の生活を豊かにする、時代に合った生活用具を提案するというしっかりした目標に設計することが、山村クラフトで収入を得る条件です。

趣味、副業、生業の違い

趣味のものづくりは、自分の楽しみのために余暇時間を生かすもので、売る必要がないものです。副業のものづくりは、本業の裏作として、多少とも副収入を目的に技術を習得することになります。生業は、趣味が上達して、売れる商品がつくれるように自然となる場合と、最初から職業を目的に修業に入る場合とがあります。

こうした目的の違いを考えると、趣味のコース、副業コース、専業コースと分けたコース別の学習が理想です。

趣味を目的にしている人に商品の基準を教えても迷惑であり、副収入を望んでいる人が、いつまでも売れる商品ができなければ失望してしまうことでしょう。

専業コースは、材料、加工技術、使い勝手、美的センスをもとに、流通、法的基準などの社会的責任を果たした上で収入を安定させ、納税の義務を果たし、さらに地域の商工会員となるなど、広い枠組みでものごとを考え、気配りできる人格形成に取り組むことになります。

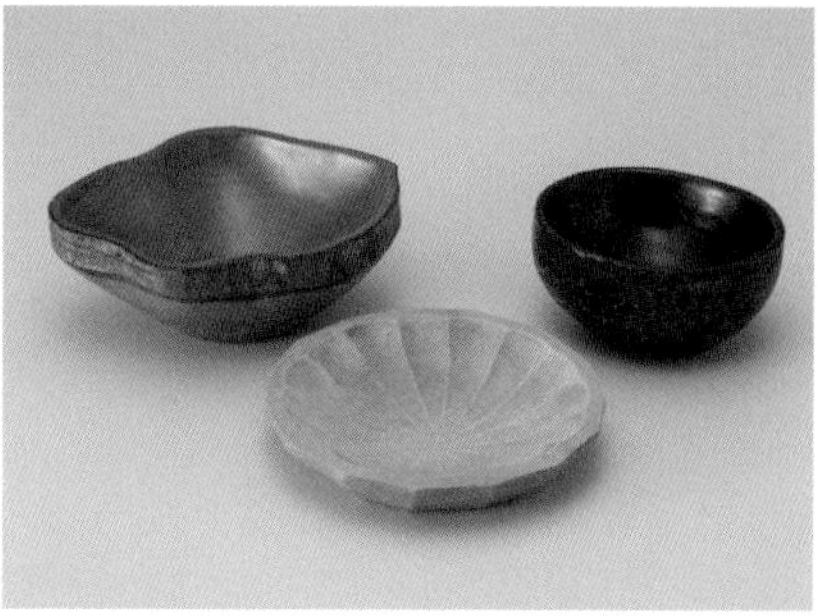

クラフトマンシップが生む手彫りの椀や鉢

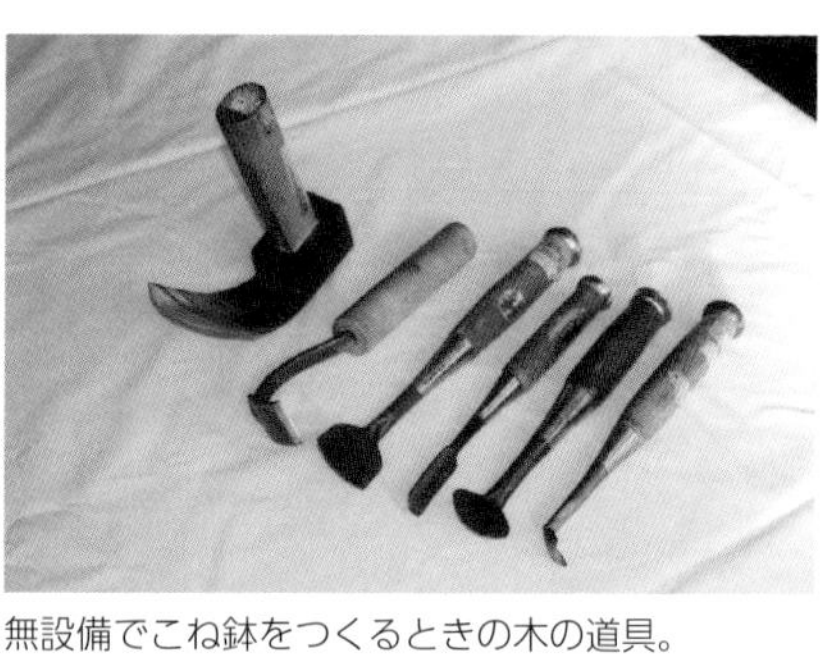

無設備でこね鉢をつくるときの木の道具。左から手じょんな、バンカキ、4本のノミ

林業では市場性のない木材にも価値を生む山村クラフト

山村クラフトは、林業と関連したものづくりに特色を持っています。林業は森林を育成し、木材を伐採して販売する原材料を生産する仕事です。これに

対して、山村クラフトは、木を材料に生活用具をつくる消費財の生産の仕事です。地域資源としての木材を活用することでは関連を持ちますが、生産の舞台がまったく異なり、異なる価値基準を持つことを認識しなければなりません。

　また、工場で量産された木工品と山村クラフトとの違いは、単なる木材の活用からさらにさかのぼって、山林の富全体を見直し、山村でなければ入手できない素材の活用を目的としていることです。木材として市場性のあるものは、市場へ向けることは当然ですが、市場性のない木材の根本の部分、樹梢部分や枝、アテ材、変形樹、風倒木、間伐材や小径木、流木、腐朽木、腐朽が早く移動しにくい樹種などを有効に活用することが大切です。これらも伝統的な

暮らしと林業をつなぐ 山村クラフト

　山村クラフトは、①工芸の思想、②近代デザイン運動の流れ、③暮らしにおける調和と良質を求める思想、これら３つの思想を受け継いでいます。おおもとは工芸である山村クラフトは、工芸を山村の暮らしの現場でも広めようとするクラフト運動なのです。

　山村の林業現場から、日本人の感受性・美意識・器用さ・勤勉さ・自然との対話を大切にしたものづくりを行ない、現代人の暮らしに合った日常の用具の製作を提唱すれば、林業はいつの時代でも社会とともに歩むことができるでしょう。

　1987（昭和62）年３月、秋岡芳夫さんは設立時から深く関わってきた「熊本県伝統工芸館」の５周年記念事業として、「木々のクラフト　山村工芸展」を企画・開催しました。

　出品物の大半は、だれもが見慣れた丸や楕円、四角の器ではなく、不定形なもの。林業現場の製材で、無造作に切り落とされて薪にされるこぶの部分がそのまま器になったものや、半割工法による樹皮を生かした器が多く、山村の林業現場でなければ思いつかない自然な形がいいと大好評でした。この展示はその後、島根・宮城・北海道にも巡回し、山村クラフトという言葉が世に親しまれるきっかけとなったのです。

　あれから20余年。この間の歩みを蓄積した山村クラフトは、年々林業が大型化・機械化していく一方で、人の手でなら加工が可能な末利用材や廃材の工芸化に取り組むことで、木の個性を最高に生かし、現代の暮らしに新しい生活用具として豊かさを提供しています。そしてその経済性をもって、自ら加工・流通・販売などを行なう林業の６次化へとつながっているのです。

工芸の技術を学ぶことで、きわめて有用な木工材料となり得ます。

たとえば、美しい木肌をもっているクヌギやエノキは、腐りやすいため、よそへ運んで加工するということがしにくい木ですが、林業現場に近ければそれらは新鮮でよい状態で入手でき、青カビや変色が発生する前に、新鮮な美しい木肌の器がつくれます。このような地域的・時間的制約のもとにある材料であっても、農山村ならば常によい状態で入手・加工できることで、他の工業製品のものとは異なる特徴を目ざすことができます。

同時に山村クラフトは、すぐれたデザインによって経済性、社会性、文化性を追求すべきものです。特に器というジャンルの主役である食器については、その加工から、食器にふさわしい地域の食材や伝統料理を活用した調理までをトータルに考えて、食生活の向上を目ざしたいものです。

「木の食器」づくりには、木材に複数の技術を加え、付加価値の高い商品づくりを目ざすことで、市場で評価を得られる（売れる）商品づくりのセンスと、生産と経営の能力の習得を必要とします。これまでの林業の育成技術に加えて、新しく木材の加工技術を習得することで、農林業の副業として主業を支える関係を確立させたいと思います。

企業型生産、組合別生産とも違うコミュニティー生産方式

山村クラフトに適した「コミュニティー生産方式」

大野村での例のように、農山村における食器や調理器具の開発加工は、工場での大量生産とは異なります。工業化社会の生産システムの多くは、均質な素材をより合理的に機械加工し、その工程から人の感情を排除して大量生産し、低価格で供給・販売するシステムをもつ「企業型生産方式」です。生産システムには、このほかに焼き物生産組合や漆器生産組合のような「組合別生産方式」もあります。

山村クラフトにおいては、これらとは別の生産システムを考えなければなりません。農山村では、均質でない自然素材をより美しく見せる配慮がなされます。その結果、工業製品では表現し得ない多様な自然の色合いや、素材の表情、その土地の風土性などを持った楽しいものがつくられるのです。その生産システムとしては、少人数でつくる「コミュニティー生産方式」がふさわしいでしょう。

コミュニティー生産方式は、農山村では農閑期の

副業として、あるいは個人の週末・夜間・老後を生かした「裏作」の工芸―「裏作工芸」―としての導入が有効です。コミュニティー生産方式の利点を挙げてみましょう。

①不均質・不ぞろいで市場性のない素材でも、手加工で高い付加価値がつけられる。
②地域材を用いて、素材から製品として完成するまで一貫して責任を持った生産ができる。
③技術の伝達が容易である。高額な設備に人がしばられるのではなく、人が移動して教えたり、習ったりすることができ、無施設工法も可能となる。
④「誂え」（注文）のきく、多品種少量生産である。
⑤誂えをすることで、個性的生活スタイルを維持する生活者の拡大につながる。
⑥誂えに応ずることで、生活者の生産への参加復権に役立つ。
⑦町や村で副業に工芸品をつくることで、コミュニティーに生産力を回復できる。
⑧各々の生活にふさわしい用具を供給することで、個性的な生活環境をつくることに役立つ。
⑨足もとの資源を有効に使い、省資源を目ざすことで、地域の自立的な展開のための主要なカギとなる。

このようにコミュニティー生産方式では、工業的生産方式とは違った、地域の個性を持った風土性のある特産品づくりが可能になります。地域のコミュニティーの中にファンをつくることと同時に、より上質な生産へと訓練を積むことで、地域外への商品普及に確かな道が開けてきます。

農山村にも都会にも求められる山村クラフト

コミュニティー生産方式による山村クラフトが、公民館教室の生涯学習ではなく、経済活動として社会に提案するものを持った生業であるためには、商品の基準やルールを確立してクラフトマンシップの向上につとめなければなりません。

山村クラフトでは、数人の気心があった仲間単位での「コミュニティー

良質を追求するクラフトマンシップを育てる

型生産」がユニークなデザインを生む場合もあります。かつての農家の副業がこのかたちであり、そこには生活の知恵と工夫があって、こうしたローカルで魅力あるものづくりが、以前は日本中に点在していました。このことの再来が、今、都市社会や市場から最も期待されていることです。

ものをつくる楽しみは、人間の欲求であり、本能です。それが自作自用から地域内需要へと進み、やがて商品として世に出る場合には、社会との関係と責任が生じてきます。社会に良質のものを提案することが社会性であり、良質なものを継続して提供することが、信頼のある経済性です。そしてそれをどこまでも高めていこうとすることが、作り手の誇りであり文化性です。こうした関係の輪をつくりあげることが、山村クラフトのデザインに必須だと私は思います。

〝良質を提供する〟クラフトマンシップの育成

山村クラフトは、美術工芸、伝統工芸、民芸とは、生産方法も目的も異なるものです。土着性、風土性があり、天然素材を材料に、安全で耐久性が高く、適正な価格で、魅力ある生活用具をつくることを理想とし、ものづくりの中に現代生活への創意と活力に満ちた提案が込められており、これらを追求するクラフトマンシップを、自らの中に育むことが山村クラフトの特徴でもあるのです。クラフト運動は、この理想に立って、日常の暮らしに「調和と良質」を取り戻す運動であり、思想といえるでしょう。

そば打ち用のこね鉢をつくる

人が必要とするものをつくる。それには、素材と基本的な生産技術を持って、経済活動と経済的価値を両立させ、創意工夫と意識の向上を心がけることが必要です。さらにそれが存続していくためには、社会へ順応し、積極的な関わりを持ちながら、的確に伝承されることも条件です。

山村クラフトでつくられた生活用具が使われなくなれば、それらをつくる技術はたちまち衰退をたどります。それは、全国各地の過去の幾多の例でも明らかです。

地域の生活文化を高めるのが目標

山村クラフトの目ざすものは、生産だけではなく、その思想を通して地域全体の生活思想を育て、クラフトを生かす生活スタイルと環境をデザインし、クラフトマン自らがそこへ積極的に参画して、働きかけることでもあります。

林業の恩恵を受けつつ、そこに新しい生活情報を加味して、高齢化をも知恵の源とすることができれば、それは地域を活性化させるエネルギーになっていくでしょう。

そうしたクラフト運動を核に、農山村の生活文化の向上を目ざし、地域にある豊かな森林資源、自然資源を原材料に用い、クラフトの技術を適切かつ有効に生かし、伝統工芸品とは異なる、手づくり的な味わいのある高品質の木工製品を生産するのが山村クラフトです。それは、大量生産、大量流通を前提とした現代の市場に飽き足らない消費者に向けての新しい市場と雇用をつくりだし、農山村から都会への新たな生活提案にもなるのです。

岩手県洋野町や北海道置戸町のように、山村クラフトをきっかけとして生活文化を高め、地域間交流や都市・山村交流が活発になり、国際交流へと広がりを持ち始めた例が、そのことを教えていると思います。

林業の6次産業化を山村クラフトから考える

ここからは現在よくいわれる「6次産業化」という視点との関連で、林業と山村クラフトの関係を考えてみたいと思います。

農山村から
次世代の生活価値を発信する

日本列島は南北に長く、四季折々の美しい風景が楽しめます。その美しさを際立たせてきたのが日本の農業のかたちであり、林業です。

森林資源は山の中にあるだけではありません。屋敷林、里山（生活林）、防風林、魚付き林（川魚を守る森）など多岐にわたります。

高度経済成長期以降、生活道具や住宅が工業製品に置き換わり、人々が木材を活用する知恵を失うと、森林資源も価値を失いました。それによって地域の人が長年築いてきた風土も失われてきました。

逆説的ですが、風土性を持たない工業化社会が進展すればするほど、かえって地域の役割は高まってくる、と私は考えています。農山村こそ良質な素材の宝庫であり、地域性のある魅力的なものがつくれる場所だということです。こうした農山村の持つ魅力は、これからもっと再認識されていくでしょう。

安心な暮らしをしたいと願う都市生活者へ「農山村でなければつくれない、美しい木の器や調理器具、安全な食材を届けること」が今求められています。その土地の風土が反映された木の生活用具を製作して、美しい特産品として提供することは、これからの時代に求められていると私は考えています。

限られた森林資源を無駄なく利用できる

今までの林業の考え方は、林業振興＝需要開拓。つまり、木材をたくさん売ることでした。一方、山村クラフトが目ざす山村地域の振興は、林業振興とは真逆の考えです。限られた森林資源を上手に無駄なく利用しよう、むしろ極力使わないようにしようというものです。

したがって、林業関係者が山村クラフトに取り組む際には、「クラフトは森林資源を必要以上に消費することなく成り立つ地場産業である」ということを認識したうえで、地域に導入すべきだと考えています。

たとえば、里山に豊富な樹種、たとえばクワ、ハゼ、モミジ、ニガキ、エンジュなどは、床柱にすると、非常に高い値で取引されます。従来の林業的な価値よりクラフト的な価値のほうが高い。そうした樹木は木材市場よりも、むしろ木工のための貴重な材料として位置づけ、植林していく必要があります。

広葉樹はパルプの原料にすると、すぐに現金化でき、効率がよさそうですが、何十年もかかって育った木を一気に伐採し、消耗品の原料にする産業が本当に効率がいいかどうかは考え直さなければならないでしょう。

山村クラフトは経済効率を優先する近代産業とは異なります。日本の工芸技術を応用し、生活文化の向上を心がけ、流行や景気に左右されない、持続可能な地場産業です。

林業も同じように経済変動や流行に左右されず、酸素や水、緑を生み出す持続可能な「環境産業」になれるはずです。

社会維持に欠かせない生命線として、林業が認識されるには、林業関係者が社会に語りかけ、森林の維持に必要な最低限の経費は、国民も応分の負担をする仕組みをつくるべきです。森を守る仕組みがあってこそ、山村クラフトも成り立ちます。

林業の6次化のメリットとは

林業に工芸の要素を取り入れると、建築材料として生かしきれない不ぞろいな材料でも、木工品として、価値を100倍にも高めることとできます。

農業では作物の栽培から加工・販売までを手がける、いわゆる〝6次化〟が進んでいますが、林業では、そのような話を聞いたことがありません。

一般的にいわれている第1次産業とは、自然界に対して働きかけ、作物を育てたり採取したりする農業や林業、漁業や畜産業などです。第2次産業とは、自然界から取ったり、育てたりしたものを加工する産業で、工業や建設業を含むもので、鉄鋼をつくったり、木材で家を建てることなどの分野がこれに入ります。1次にも2次にも入らない商業、金融業、運送業、情報サービス、電気、ガス水道業などが第3次産業で、具体的にはホテルで観光客を泊める、八百屋で野菜を売るなどの商業活動もこれにあたります。

農林業の6次化というのは、1次産業の農林業、2次産業の製造業、3次産業の商業などを総合的かつ一体的な推進を図って、地域資源の木材を活用した新しい付加価値を生み出す取り組みで、農山漁村の所得の向上や雇用の確保を目ざすこととされています。

6次産業という言い方は、1次産業、2次産業、3次産業が連携して地域づくりを推進するという意味で、これらを掛け合わせる、1次産業×2次産業×3次産業＝6次産業から命名されました。どの分野がかけても成果が得られないという含意もあり、足し算でなく掛け算とされています。イギリスの経済学者コーリン・グラント・クラーク博士の産業分類学をもとに、さまざまに農産村の地域づくりを応援してきた東京大学名誉教授の今村《いまむら》奈良《なら》臣《おみ》先生がわかりやすく提唱した造語です。

林業の6次産業が進むと、木材加工品を消費者へ直接販売することや、自由な発想で商品を開発することもできるようになります。地域の異業種の協力も得やすくなり、結果として地域の活性化につながるというメリットもあります。反面、レベルアップも求められるようになり、流通手段を確保することや売れるデザインを生み出す力、さらには経営のできる人材を確保するなどの課題も生まれてきます。

同じ資源を使いながら隔たりのある林業と木工

木工と林業は、同じ資源を使う職種でありながら、相互理解が進んでいないのが実情です。なぜなら林業と木工は、木と人間（の技術）との関わり方がまったく違うからです。

コラム

林業現場の価値基準になかった風景の価値

これまでの林業は、スギ、ヒノキが育林の中心でした。しかしながら、自然災害に配慮した林相の研究、混合林のあり方、自然林と里山の関係を考え、樹種の選定をし直すと、山の景観は生まれ変わり、山村は都市生活者の憩いの場となります。

つまり、景観を意識した林業や山づくりの計画が必要です。緑一色ではなく、四季を彩るような植林計画です。樹木そのもので四季景観を醸し出すことができれば、地域経済に大きな価値をもたらすとともに、農山村に暮らす人々の誇りとなるでしょう。

台風で被害が出たから針葉樹はいけない、雑木林がいいんだ、というような一過性に流されない景観のデザインが重要です。

林業とは自然の力をうまく利用して、良質の木を育てる仕事です。品質は枝打ちや間伐作業で大きく左右されます。

一方、木工は、木という資源が日常生活に役立つ道具としての価値を持つよう、工夫を重ねる仕事です。


山村クラフトは、農山村でなければ入手できない素材で生活用具をつくることに特徴と有利性があります。そのため林業と連携が欠かせません。

林業関係者には市場性がない曲がり木や小径木の間伐材、風倒木も、山村クラフトの技術があれば、生活用具として生かすことができます。樹齢15～20年の幼いスギでも、輪切りにし、小皿にすれば1枚2000円、枝は箸置きにつくれば、1個800円ほどで売ることができます。

具体例をあげましょう。直径12cm前後、長さ10mのスギの相場価格を1本3000円と仮定します。同じ直径で長さ1mのスギだと、300円になる計算です。

1mのスギからは、半割加工で小鉢を10個ほどつくることができます。小鉢一個の価格を3500円とすると、10個で3万5000円となります。つまり、300円の原材料から150倍の価値が生まれます（ただし、実際には販売店の手数料が発生しますから、3500円の半分の1750円が生産者の手取りとなる）。

山村クラフトと林業が連携すれば、「過剰に伐採せず、山林の付加価値を上げる」という林業界の長年の課題に答えが見えてくるかもしれません。

広葉樹を生かす道―20年後の林業を思う

木造建築用の構造材の進化やバイオマス発電などで木材の需要が次第に高まっています。伐採期になったスギやヒノキが活用されるのはよいことですが、需要が一気に増えると、供給が追いつかなくなる（木材の生長年数が追いつかなくなる）のは必至です。

スギやヒノキは比較的成長が早いとされますが、それでも一人前になるには30年、60年かかります。これからは針葉樹だけでなく、15年、20年で一人前に成長するユーカリやセンダン、ヤナギなどの広葉樹の植林も検討すべきではないでしょうか。ただし、成長の早い広葉樹は木材にしたとき、収縮や割れが激しいので、木材の乾燥や加工技術のさらなる進歩が求められます。

アトリエときデザイン研究所の屋敷林
私の工房「アトリエとき」は大分県湯布院町内に開設して 30 年。工房をとりまく大小 200 本あまりの樹々は、すべてが手植えと言いたいが、実は鳥が運んだ種から育ったものが半数をこえ、覚えのない木も増えた

林業が大型化、機械化しても、山村クラフトの方向性は変わりません。木材市場では取引されない、根曲がり材や小径木など個性的な木々を人の手で魅力的に表現し、林業と人の暮らしを結ぶ大切な使命を持っています。山村クラフトの担い手自身も自分たちで材料を入手できるよう、樹齢10～15年で価値が出るエンジュ、ニガキ、ウメ、モミジを工芸材料として植林してはどうでしょうか。ちなみに私の工房の周囲には、設立時に植えた広葉樹がこんもりと林をつくるまでになっています。

20年後を見越して、林業家と山村クラフトの担い手が協力して、農山村の環境を創り出していくこと、木を植える暮らしのデザインに山村クラフトが果たす役割を広めていきたいと考えています。

第2章

地域で生まれた山村クラフト作品

山村クラフトの始まり——地元ならではの素材を生かし、地域で裏作工芸に取り組む

見捨てられた学校林から学校給食の器を
（岩手県大野村　現・洋野町）

1980（昭和55）年、私の講演を聞いた食糧学院の森雅央さんからの提案で、岩手県大野村（現・洋野町大野地区）で小中学校向けの木製給食器の開発が始まりました。そして1982年にこの取り組みが雑誌のグラビアに掲載されると、一気に全国に知られることになりました。

こうして岩手県大野村の器は、当時、活用されなくなっていた学校林のアカマツを中心に、ケヤキ、セン、トチなどの広葉樹も使い、学校給食器セット、保育給食器セットから始まり、今ではさまざまな椀、皿、ボウル、トレーなどをつくっています。

技術的な特色は、半割丸太方式の採用とプレポリマー加工を導入していることで、これらによって工芸的価値の高い製品をつくり出すことに成功しました（技術は第3章に詳述）。

特にプレポリマー木固め加工を行なうことで、材質のやわらかいアカマツでも耐水性、耐熱性のある食器にできるようになったことは大きく、村の第3セクター「ふるさと公社」の雇用体制も安定して、村内の8つの工房、従事者約30人で生産ができるまでになりました。

ここではすべての製品に、品質を保証するつくり手のオリジナルマークが刻印され、どの工房の製品かがひと目で判読できるようになっています。また、多種少量生産の体制を取っており、細かな修理などにも応じています。

製品のデザインは、地元の産業デザインセンターが開催する毎月の木工グループの学習会「長く愛用してもらえる器づくり」で学んでいます。

大野村の時松塾の第1期生の佐々木米蔵さん親子は、木地師として県内外の塗師からの注文を一手に引き受けています。アカマツのサラダボウルや鉢もつくり、アカマツの椀では、1984年10月に日本民藝協会賞を受賞しました。

佐々木さんの先輩格である三本木

旧大野村の学校給食の器（岩手県洋野町）

大野村の学校給食器のデザイン基本図 1

ボウル

6	7	8	9	10	外径(寸)
2.25	2.65	3.0	3.4	3.8	高さ(寸)

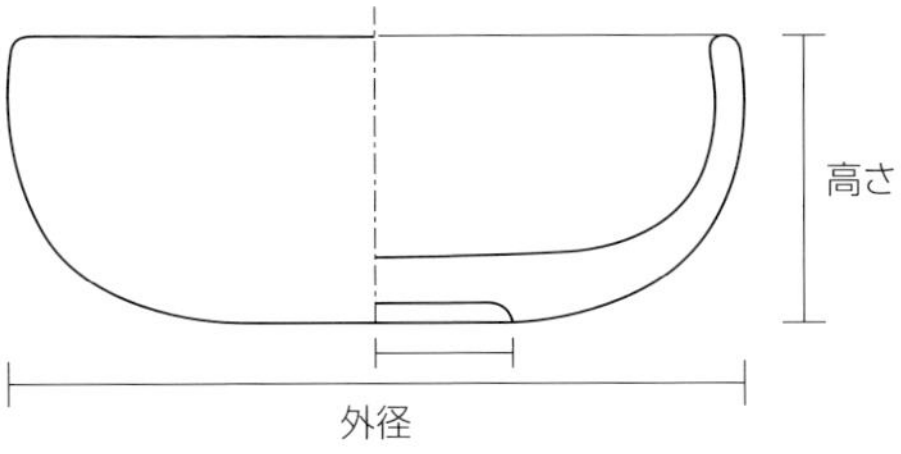

つば付きボウル

6	7	8	9	10	外径(寸)
1.5	1.75	2.0	2.25	2.5	高さ(寸)

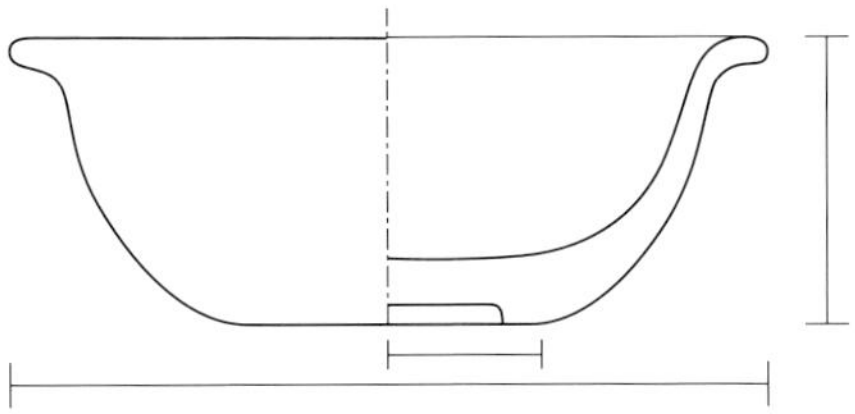

大野村の学校給食器のデザイン基本図 2

丸縁ボウル

6	7	8	9	10	外径(寸)
1.8	2.1	2.4	2.7	3.0	高さ(寸)

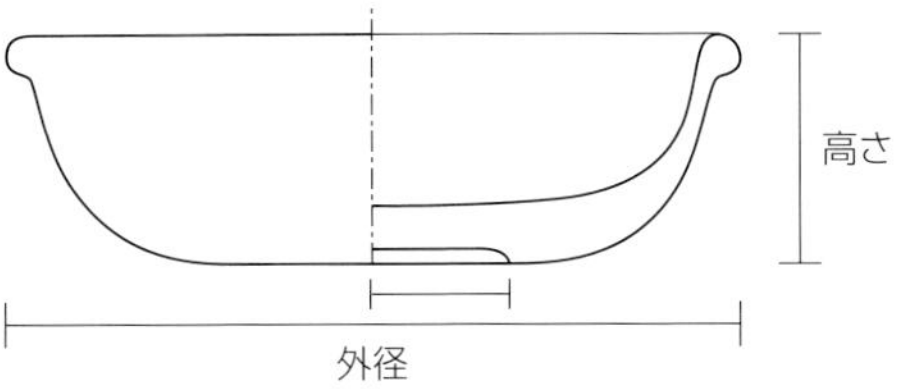

福縁ボウル

6	7	8	9	10	外径(寸)
1.5	1.75	2.0	2.25	2.5	高さ(寸)

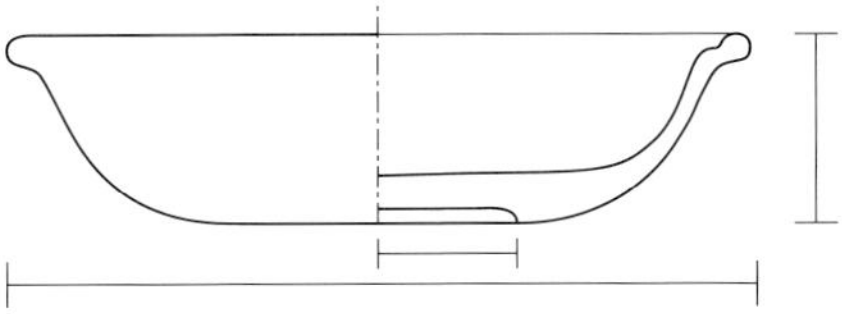

烈《いさお》さんは、家具から食器まで幅広く手がける人。２００１（平成13）年にいち早く厚生労働省の「現代の名工」に選ばれ、「一人一芸の里」を牽引してきました。

かつては村民７３００人のうち１１２０人が出稼ぎに出かけていた、一寒村だった大野村は、工芸を通しての村おこしを推進し、苦節40年、種市町と合併し洋野町となった今では、複合施設「おおのキャンパス」に年間90万人の人々が訪れる、岩手県北の観光スポットに成長しました。

「おおのキャンパス」には、広い牧場をベースに工房と展示・販売機能を備えた「大野産業デザインセンター」をはじめ、北東北最大級の反射式望遠鏡を備えた天文台、パークゴルフ場やホテルなどが整備され、有機農産物を扱う直売所やレストランも終日賑わっています。村民の知恵と勇気は大野村方式として成功し、全国の山村クラフトの先駆となりました。

秋岡芳夫がかかわり エゾマツの癖材をよみがえらせた 「白い器オケクラフト」

（北海道置戸町）

北海道の東北部・網走の近くに位置する置戸町。ここに秋岡芳夫さんの収集した「日本の手仕事道具─秋岡コレクション」を展示する「どま工房」（置戸町山村文化保存伝習施設）があります。

この施設は隣接する「オケクラフトセンター森林工芸館」とともに、秋岡さんの工芸村構想が具現化された施設。「オケクラフトセンター」でつくり手の養成から商品の生産、販売までを行ない、「どま工房」では生活の知恵や技術の伝承と、人の交流を行なっています。

「どま工房」に秋岡さんのご遺族から寄贈された資料は道具だけで約６５００点。秋岡さんの自作の器や関連図書、執筆資料なども合わせると１万８００

白い器　オケクラフト
（北海道置戸町）
置戸町や近隣の町で育ったエゾマツ、トドマツの材色を生かした「白い器」で知られるオケクラフト。お椀やトレー、キッチンツールまでさまざまな製品があるが、商品開発の初期段階から、この地に伝わる曲げ輪の伝統技術を用いた製品もつくられていた。今でも曲げわっぱの弁当箱は人気商品だ

0点以上にもなります。十数年の歳月をかけて、膨大なコレクションを種類別にまとめたブックレット「日本の手仕事道具」（全28集）も発行されました。

秋岡さんの紹介で私が開発に携わった「白い器オケクラフト」は、置戸町のエゾマツ、トドマツの中でも有効利用されてこなかったアテ材の魅力を引き出しました。堂々とした大木に育った姿が印象的なエゾマツは、木材として見ても、木目がまっすぐに通り、白くてきめ細かな魅力的な木です。軟らかくて加工もしやすく、建築材や家具、楽器など様々な用途に使われてきました。その一方で、太陽の光の当たらない幹の北側には、「アテ」と呼ばれる堅くてとても加工しにくい部分があり、長い間、薪にするしかないとされてきたのです。

このアテ材を、木工ろくろとプレポリマー加工という現代の技術で引き出した「オケクラフト」は、世間に新鮮な驚きをもって迎えられました。しかしそこには、昔ながらの道具に支えられた日本の伝統工芸の技術も生きています。秋岡さんはこうした現代のものと昔ながらのものを併用することに長けた方でした。日本人のかけがえのない文化遺産である道具は、これから山村クラフトに取り組む方たちにもよい刺激を与えてくれることでしょう。

これからの地域社会の再生と自立への画期的なデザインを残してくれた秋岡さん。この地でその業績の大きさを感じてもらえればと思います。

大工さんの裏作工芸—建築の残材をミズナギドリ風の料理ベラに（島根県隠岐の島町）

島根半島から日本海を北へ50キロの隠岐の島町は、島前、島後に四島と大小180あまりの島々からなります。日本海の荒波がつくり出した断崖や洞窟など独自の生態系は、2013（平成25）年ユネスコ世界ジオパークに認定されました。島には海鳥が舞い、国内でも珍しいミズナギドリの繁殖地もあります。

この町の8人の大工さんたちは、家建てのたびに出る端材を大切に残していました。組合長・石橋寛由さん（ハウジング石橋）は「隠岐クラフト」の会を立ち上げ、大工仕事の裏作に山村クラフトに取り組んでいます。大きな梁の残材からサラダボウルを、小さな残材からは刺身にぴったりな小皿をつくり、ミズナギドリをモチーフにした

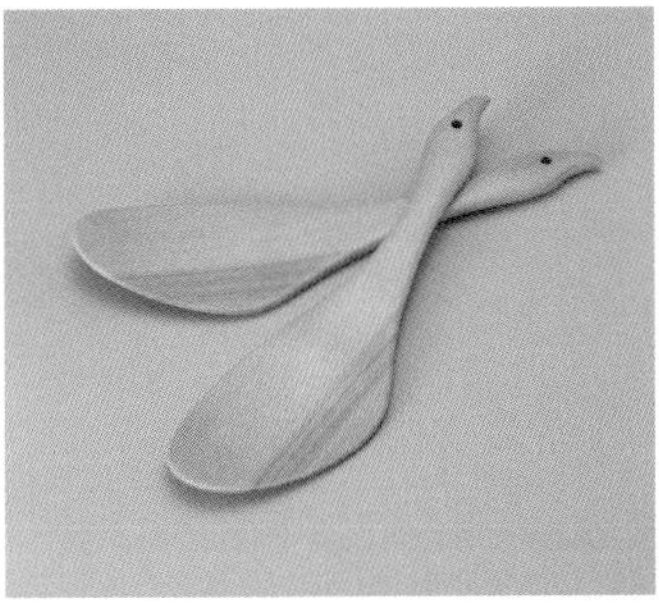

ミズナギドリをイメージしたヘラ
（島根県隠岐の島町）

料理ベラもつくり、観光客にも喜ばれています。

定年退職後の裏作工芸「木礼塾」—遍路旅の思い出に（高知県四万十町）

四国八十八か所霊場のひとつ、三十七番札所岩本寺の近くに、森を守り、木を敬うという思いから名付けられた「木礼塾《もくれいじゅく》」という工房があります。

この工房の主、湯浅正願さんは、教職を退いたのち各地の名刹を巡った体験から、四国お遍路さんの旅の思い出としてもらえるような品がつくりたいと、人生の裏作に山村クラフトを選びました。お遍路さんの旅の安全と願いの成就、それに日々の疲れが癒されることを祈りながら「健康夫婦箸」や「幸福しゃもじ」、「福寄せ料理へら」などをつくっています。

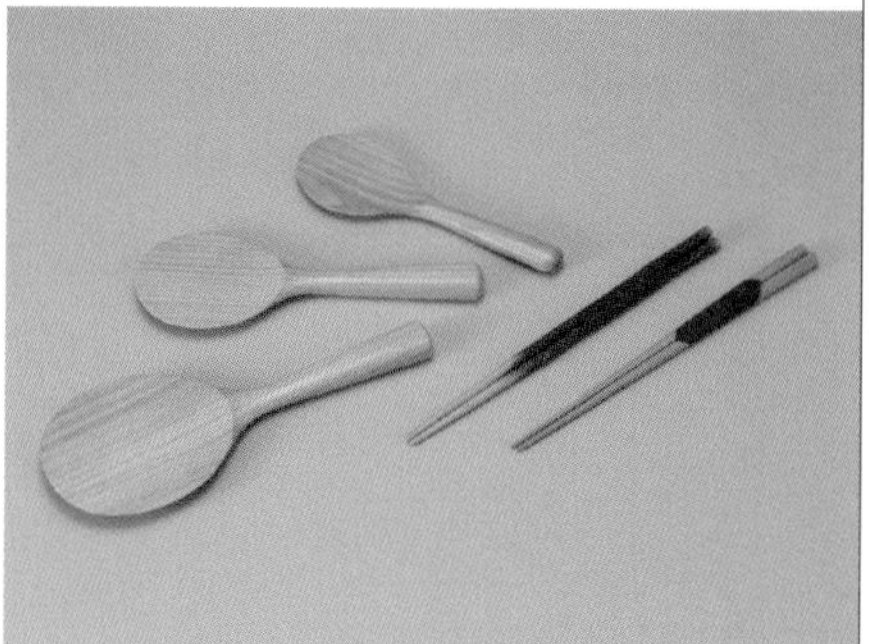
木礼塾の作品（高知県四万十町）

小径木、曲がり材・廃材・薪用材、樹皮を生かす

山村クラフトの原形、スギの小枝の箸枕（大分県北玖珠町）

郷土玩具で民芸の銘品である「きじ車」の里、大分県玖珠郡北山田の地で、森を愛する瀧石一夫さん・千代子さん夫妻がつくっていたスギの小枝の箸枕が世に知られたのは、1961（昭和36）年のこと。第1回大分県産業工芸展の審査で、秋岡芳夫さんが日田産業工芸試験所に立ち寄った際、暮らしの道具として認められたのがきっかけです。そのときすでに、いわば山村クラフトの原形が誕生していました。以来、今日まで60年間売れ続けたロングセラークラフトです。

小枝の箸枕は単純明快。天然のローカル性はクラフトデザインの原点です。同じ素材のスギの小枝でもその価格に200～2000円まで差があるのは、それぞれのクラフトマンが良質な品格を備えることで製品価値が高まるという前提に立っているからです。価格は、それぞれが良質な品格を目標として製

いろいろな箸置き

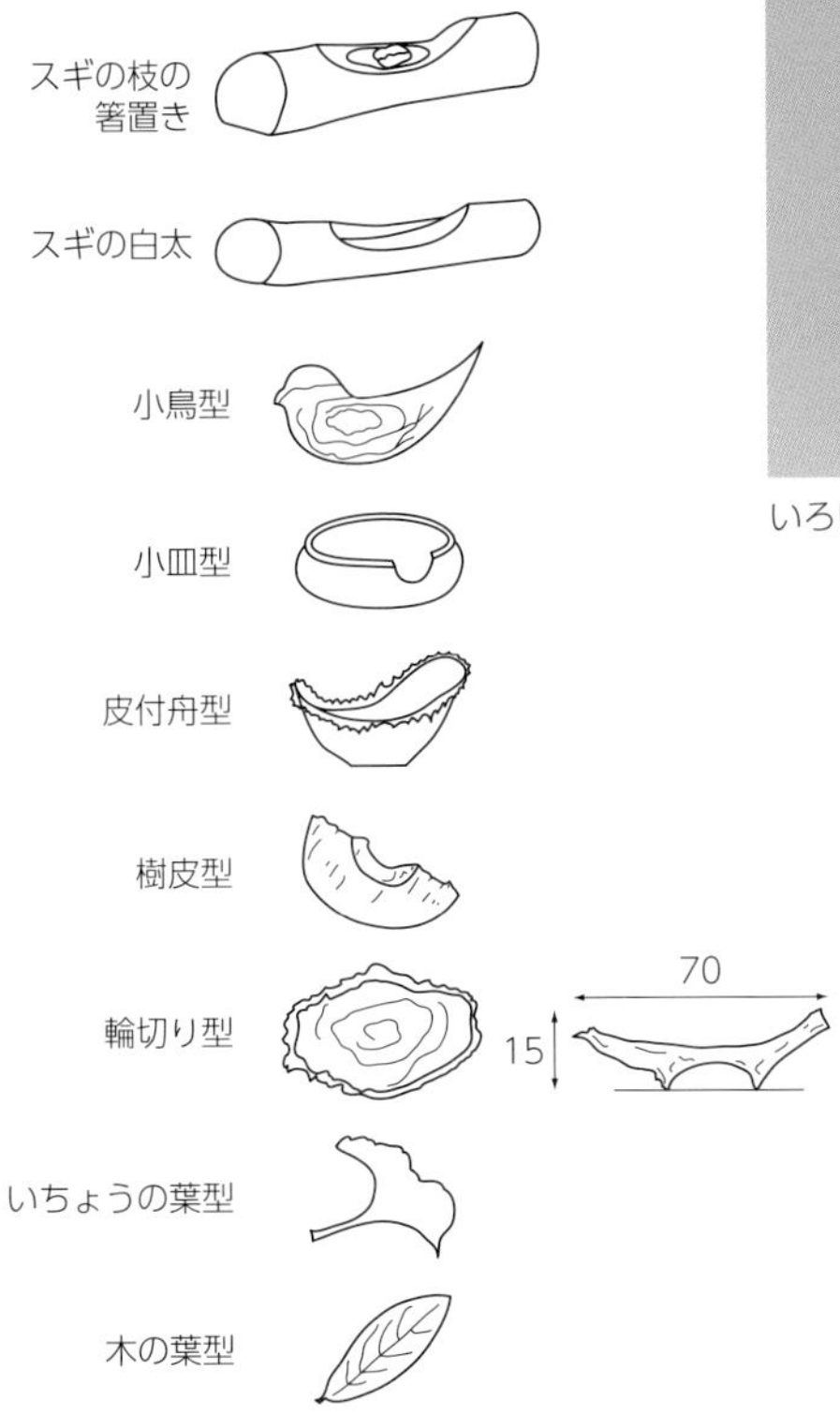

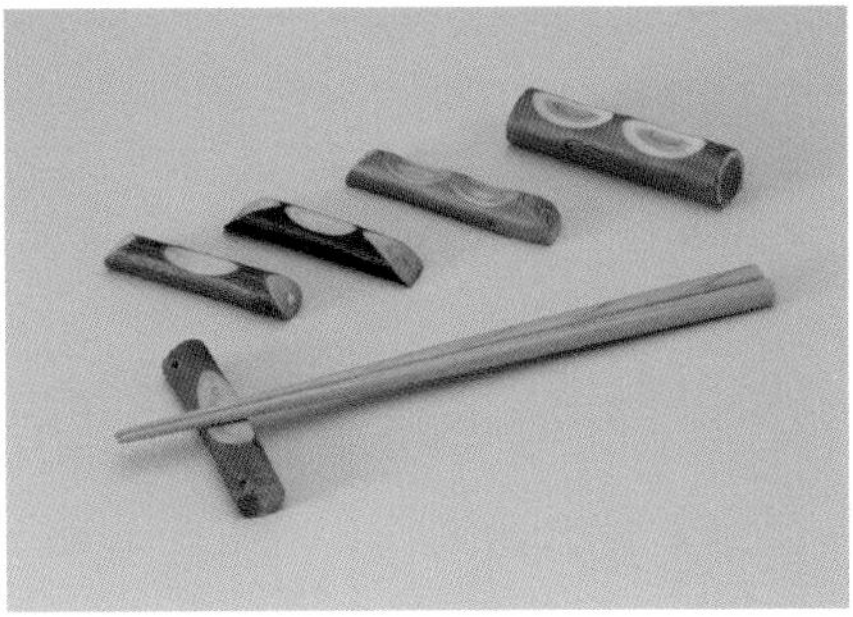
いろいろな箸枕（大分県山田町）

作し、その結果を自ら評価したもので、それぞれのクラフトマンシップの成長度合いを反映しています。

プレポリマーで樹皮付き小径木はボウルに　枝は一輪挿しや文具に

製品づくりには向かないとされてきた小径木や枝も、一輪挿しやボールペンなどとしてなら、立派に生かすことができます。さらに樹皮をそのまま生かした製品も可能です。木の皮は一度剥いでから使うのだろうから剥いだ樹皮をふたたび接着させるのは大変だと思われるかもしれませんが、木の乾燥が始まる前に「プレポリマー」（産業用木固め剤）を浸透させれば、樹皮を剥がなくても加工できるので、樹皮と木質を一体として生かしたかたちでデザインできます。

ニマの器（北海道　置戸町森林工芸館）
プレポリマーで樹皮も生かしたサラダボウル

いろいろな箸立て

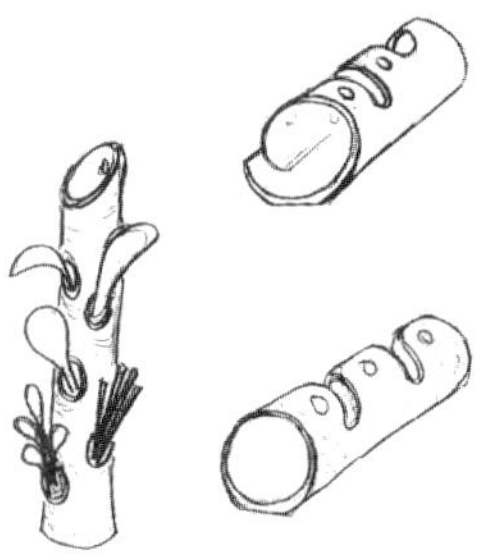

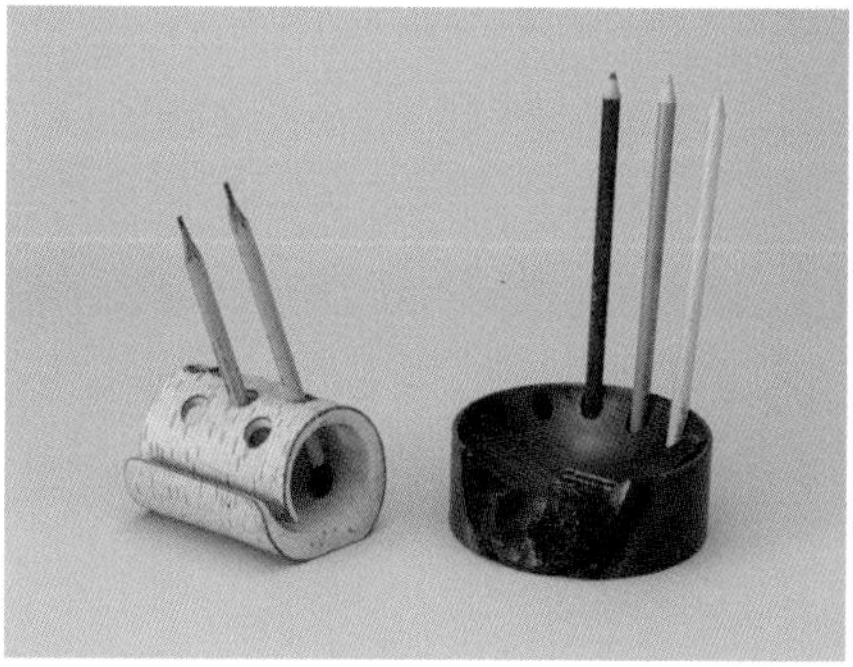

ペンスタンド（由布市・アトリエときデザイン研究所）
樹皮のある小径木や枝を生かし小物も置ける文具に

現代の技術が可能にした、樹皮の表情も楽しめる作品づくり。多くの方に試していただけたらと思います（プレポリマー木固め法は第3章に）。

臭いの強い松ヤニ材も琥珀色の器に（広島県宮島町）

瀬戸内海の島々はクロマツに囲まれています。マツはその脂の強さから長い間食器には使われませんでした。しかし、宮島ろくろの名手・藤澤敏郎さんは、広島の原爆で焼け残った寺院の改築で出た古木のマツを、樹脂が詰まって美しく、薪にするにはあまりにもしのびないと、アトリエときデザイン研究所で開発したヤニの臭いを止める塗装方法で食器づくりを試み、光が透けて琥珀色に輝く酒器をつくることに成功したのです。

これまでマツの古木の芯材部分の樹脂が詰まった部分については、肥松《こえまつ》と称して、盆などに加工してアメ色の光の透過を楽しみましたが、臭いが強いため食器には使えませんでした。

古くから茶人が愛した肥松の盆は、毎回使った後に茶殻で拭き込んで、樹脂についたホコリを強く拭き取る「拭き込む」という気の長い作法を生活の知恵として楽しんだものですが、最近では「拭き込む」という生活用語も死語になってしまい、暮らしに合わないものになっています。

漆をはじめ他の塗料も、強い松ヤニの樹脂の上には乗らないため、塗装方法がなかった長い歴史がありました。

アトリエときデザイン研究所では、食品衛生法をクリアしたプレポリマー含浸塗装法を応用して、松ヤニの臭いを遮断し、安全で丈夫な塗装方法を開発しました。これによって、これまで以上に丈夫で、日にかざすと琥珀色に光を通す美しい酒器や椀などの食器が完成したのです。

この方法で、同じようにこれまで椀や食器に不向きとされたヒノキやクス

琥珀色の器（広島県宮島町）

ノキでも椀がつくれるようになり、木に優劣はなく「木は平等　器にならぬ木はない」という私の座右の銘が、ようやく実行性と説得力のあるものになったのです。

藤澤さんのもとで、広島の銘酒にふさわしい酒器が、これからたくさん生まれることでしょう。

街路樹の廃材を森林ボランティアが手づくりの器に

（静岡県伊豆市修善寺温泉）

静岡県伊豆市で、間伐や下草刈りを行なう森林ボランティアの延長として木の器づくりを始め、仲間たちと「NPO法人伊豆森林夢巧房研究所」（2004年設立）で活動していた山田正興さん。彼らに講師として招かれ、私は数年間毎月木工の指導を行ないました。

公募で集まった塾生たちは、養成期間の2年間は工房で寝起き。毎月1回の森林ボランティア活動への参加も義

メタセコイアの椀
（静岡県伊豆市修善寺温泉、写真：有城利博）
以前は化石としてしか知られておらず絶滅したとされていた針葉樹・メタセコイア。そのために「化石の樹」と呼ばれることも。ヒノキやスギの仲間で、材にするとそれらとよく似た表情を見せる。軽くてやわらかいという性質が木材としては敬遠されがちだが、プレポリマー加工でこうした欠点を補うことで活用の幅が広がりそうだ

務でした。ここから生まれた弁当箱が名湯、伊豆修善寺温泉の老舗旅館で、特別料理の盛りつけに使われるなどの実績を残しましたが、現在はＮＰＯは惜しくも活動を終了。しかし工房は、塾生だった有城利博さん（ありしろ道具店）らに引き継がれて、意欲的なものづくりが続けられています。

　山田さんが育てた青年男女は、森を守り、修善寺温泉のまちづくりでも活躍していますが、中でもユニークなのがメタセコイアでの椀づくりです。街路樹として植えられたものが、手狭になって切られていたのを椀の素材として生かしました。森林ボランティアならではの見事な発想です。

朽ちても美しい老梅木の器
「ウメ、クリ植えて」から数十年
（大分県大山町）

　日本でめでたいイメージのものといえば、動物では長寿を象徴する鶴と亀、植物では松竹梅です。

　中でも梅は、はるか昔からたくさんの歌に詠まれ、親しまれてきました。「令和」という年号のもとになった、梅の花を鏡の前で化粧した佳人にたとえた万葉集の中の一文「初春の令月にして気淑《きよ》く風和らぎ、梅は鏡前の粉《こ》を披《ひら》き、蘭は珮後《はいご》の香《こう》を薫らす」を思い出される方も多いことでしょう。

　気品漂う花を豊かに咲かせる一方で、その幹や枝は荒々しく、まるで岩のよう。その生きているのか枯れているのかわからない姿が多くの名画の題材にもなってきました。枯れても本当に美しい。私は、そんな姿をそのまま器につくりました。これにふさわしい料理がきっとあるはずです。

　1960年代から始めた「ウメ、クリ植えてハワイに行こう！」という村おこしのキャッチフレーズで、全国的に有名になった大分県大山町（現・日田市）。この町ではそのころから植えてきたウメの木を、数十年を経て実の

収量が落ちると新しいものに植え替えています。

切り倒された老木は廃材となりますが、それを活用した特産品づくりをとの声が上がり、地元農協が１９９６（平成８）年に工房事業を開始。私も講師として、矢羽田匡裕さんら地元の青年たちの指導を行ないました。

廃材となったウメの老木も、器にすると強い生命力を感じさせる美しいものに生まれ変わります。この器は商品化され、工房での販売も行なわれました。

現在、農協の工房事業は終了しましたが、矢羽田さんは自身の工房「ウッドアート楽」で、使用する素材を地元のスギやサクラなどにも広げて、活発にものづくりを続けておられます。

生木も樹皮付きで皿や鉢・ボウルに

樹皮も、プレポリマー塗料の利用で生かせるようになりました。水分の多い生木のうちに樹皮と、木質の間にある組織の違う形成層にこの木固め剤を含浸し、それが硬化すると、樹皮と木質が同化して樹皮が剥がれなくなり、樹皮が美しく活用できるのです。この方法の開発で、これまでにない新しいデザインが可能となりました。

樹種の中で最も割れやすいクヌギは、シイタケの原木や木炭の材料になります。クヌギの木炭は放射状に美しく割

ウメの老木でつくった食器（大分県大山町）
独特のゴツゴツした樹皮と、赤みを帯びた材の色が迫力を感じさせるウメの木の器。ウメの材にはこのように赤みがかったものと、白いものとがある。乾燥中に割れやすい木だが、生木のうちに形づくり、加工を施すことでそうした性質をカバーすることができる

樹皮を生かしたクルミの皿・ケヤキの小鉢・クワのボウル
（由布市・アトリエときデザイン研究所）

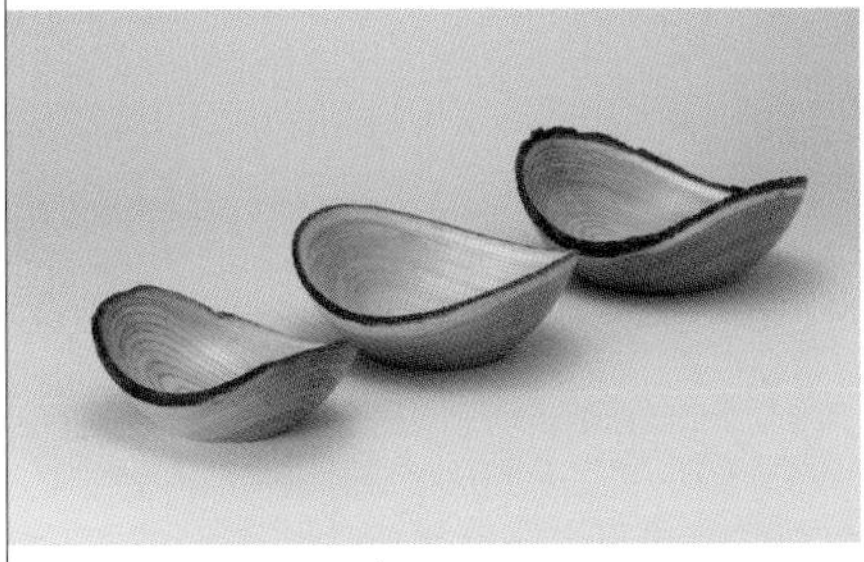

ウルシの皮付きボウル
（由布市・アトリエときデザイン研究所）

クヌギの皮付きボウル
（由布市・アトリエときデザイン研究所）

れて、この割れが多いほど高級な木炭でタドンのように保温力が高くなり、火持ちの長い燃料でした。

　これほどに割れやすいクヌギも、プレポリマー塗料で木の内部応力が中心方向に働くため、同心円に収縮する形状であれば、器は割れずに雑木の花のようにつくれます。小径木活用の新しいデザインが可能となりました。

樹皮を生かしたシラカバの白いサラダボウル

（北海道置戸町）

　シラカバの樹皮が白くなるのは長野県以北です。北海道では里山に自生する白い樹として冬の風物詩ですが、暖かい九州では植えても白くならないのです。樹液がほんのり甘く、ドリンクとしても使われるほど糖分が多いのですが、それだけにカビやすいので、伐採は雪の多いときにしなくてはなりません。

　北海道ではありふれたものとしてストーブの薪にもされるシラカバですが、置戸町で工房大崎を営む大崎麻生さんのつくる白いサラダボウルは、私の住む九州では、遠い北国を思わせる憧れの器です。

シラカバのサラダボウル（北海道置戸町）
成長が早いシラカバには、持続可能な資源としての魅力もある。大崎麻生さんは置戸町の木工塾での研修生時代、私とともにこの木での器づくりに挑んだ。水分が少ない冬に伐採し、春に生木をろくろで挽くことで強度を確保している。アクセントの白い樹皮は、プレポリマー塗料を利用した加工法ならではのもの

サクラ並木の風倒木を生かして100年のまちづくり

（山形県鶴岡市温海温泉）

　山形県の米どころ庄内平野から日本海ぞいに南へ行ったところにある温海《あつみ》温泉（鶴岡市）は、大分県の由布院温泉との交流も長く、子育て中の女性が活躍する温泉地です。

この町に住む本間真弓さんは、町並木の古いサクラの樹が風に倒れたことをきっかけに、地域の素材でものづくりをすることなどを通じて、子どもたちの地域への愛着を高め、雪国の生活の知恵を継承させようと活動を始めました。２００８（平成20）年には、理想のまちづくりは１００年かけてでも、との思いから女性だけの「地方再生１００年デザイン研究所」を設立。子育て中の女性らに呼びかけて共に木工を学び、子どものための木の椀や調理器具、生活用具をつくりました。２００９年からは、自分たちのように地域の素材を使ってものづくりをしている人や個人を集めて「やまがた元気な風展」を県内各地で開催。その中で「お弁当コンテスト」も行ない、食文化の継承を図っています。

研究所のメンバーのひとりで道具屋の女将・藤谷豊子さんは、シナノキの内皮で織り上げた、今では希少な「しな織」の研究家。しな織小物や帽子の作家でもあり、地域の技術を絶やさないよう、ワークショップなどを通じて普及活動を行なっています。

ピノキオカップ（山形県鶴岡市温海温泉）

庭師の心が生んだ「庭の木クラフト」
屋敷林・街路樹・剪定枝を生かす
（宮城県仙台市）

日本の庭園の美しさは世界の憧れ、日本美の象徴のひとつです。そんな庭

樹皮を生かしたうつわ
このようなうつわづくりは、私が教えた人の多くが行なっているが、それぞれつくり手の個性が反映されている。鈴木尚子さんの手になるものには、洗練された雰囲気とともにポッテリとやさしい味わいがある。鈴木さんの器は、自身が経営する仙台市内の生活雑貨店「hinabi（ヒナビ）」で購入できる

を造り、管理する庭師たちは、1本の枝を落とすにも、枝の命を残された樹全体に移すという思いなのだと聞きます。庭師の心に廃材の文字はありません。

そんな庭師の伴侶を持つ鈴木尚子さんは、ご夫妻で秋岡芳夫さんのファンでした。秋岡さんの影響で木工を始めた尚子さんは、やがて宮城県仙台市の自宅を増築し、山村クラフトの工房を開設。その名も「庭の樹クラフト」としました。

「庭の景色を食卓に」をテーマに鈴木さんがつくるバターナイフや料理用のヘラ、コナラの樹皮を生かした美しい器といった作品は、杜の都・仙台の屋敷林や街路樹の剪定枝などを材料にしたもの。人と木のつながりを深めてくれる生活道具です。

秋岡さん流の「暮らしを豊かに」「使うことで楽しくなる」ものづくりはここでもしっかりと継承されています。

見捨てられる小枝の魅力を取り込んだシュガーポット（由布市・アトリエときデザイン研究所）

小枝は、葉を茂らせて樹々の幹を育てる母親なのに、製材の現場ではいつも捨てられてしまいます。

しかし枝は、幹と一心同体の成長の歴史が刻まれた小宇宙。一般的に、枝は木の「幹から出ている」と思われていますが実はそうではありません。枝は幼木のころから、その中心にある「髄」につながっていて、大きな幹と成長の苦楽を共にしているのです。

幹と同じ時間が凝縮されている枝は、小さくても大木に負けない魅力ある生活用具が無限につくれる貴重な素材なのです。

樹園地更新の廃木でつくる「くだもの器」（山形県上山市）

サクランボで名高い山形県上山市は、

シュガーポット
（由布市・アトリエときデザイン研究所）
湯布院産の木の小枝でつくられたシュガーポット。ドングリを思わせる形と本体の目立つ位置に残した樹皮が大胆かつユーモラスだ。この作品には「どんな木でも器はつくれる」「貴重な資源を無駄なく使う」というポリシーを込めた

温泉と果物王国で知られる町。ウメ・サクランボ・スモモ・ブドウ・洋ナシ・ナシ・リンゴ・カキなど多品種の果物を栽培していて、植え替え、廃木となる果樹は年間60ｔともいわれています。

　しかし、長い歳月にわたって丹精込めて世話をし、果物をたくさん実らせてくれた果樹が、役に立たないからと簡単に捨てられるのは本当に切ない、という農家の人もたくさんいました。

くだもの器（山形県上山市）

　そんな人々の思いを汲み取って、まちづくりのリーダーを務める鈴木正芳さん親子は、家業の建具屋の腕を生かし「ＫＡＪＵクラフト」の会を立ち上げました。そして、さまざまな種類の果樹の色を生かして、模様になるように丁寧に張り合わせた素材から、カラフルなサラダボウルや蕎麦用の器をつくったのです。

　果樹を生まれ変わらせたこの器は、「くだもの器」というブランド名で、上山温泉の旅館のおもてなしに活躍しているほか、町民の冠婚葬祭の記念品として人気。鈴木さん親子は生産に追われる毎日だそうです。

「ＫＡＪＵクラフト」メンバーのひとり、小関信行さんは長年勤めていた上山市役所を辞し、ドイツミュンヘン大学に学び、温泉と気候性地形療法の学位を取得。温泉地再生のまちづくりを研究し、地元・上山温泉と由布院温泉との絆を深めてくれました。小関さんによれば、ウォーキングや山村クラフトは健康づくりに有効なのだそうです。「日本クアオルト研究機構」も主宰され、日本各地の温泉地の自然環境の医療効果について各地で講演も行なっておられます。

地元の高原野菜が映えるサラダボウル（長野県飯田市）

　八ヶ岳や軽井沢がある長野県の南部、南アルプスの山々を仰ぎ見る飯田市は、高原の町。大通りを彩るのは赤い実が花のようなリンゴの街路樹です。

　この町に住む北林昇さんは、当時営んでいた出版社の本の中で信州の清涼な風土で育てられた高原野菜のおいしさを紹介した際に、一緒に掲載した木のサラダボウルがどうしてもほしいと思うようになりました。それも単に購入するのではなく、自分の手でつくりたくなったのです。

サラダボウル（大・中・小）（長野県飯田市）

まずは仲間に呼びかけ、２００４（平成16）年11月、私が指導を担当した地場産業振興センターの第１回木工クラフト技術養成講習会に14名で参加。高速度鋼の刃物鍛造に汗を流しました。その後「環境と食と器」をテーマに「本で書いたもの展」を開催。生活文化として、木のサラダボウルをみんなでつくり、遠回りながら楽しんで念願をかなえることができたのです。

枝打ちしたスギの廃材でつくる「梢の器」

（由布市・アトリエときデザイン研究所）

山村の人々ならだれでもたやすく手に入れることができるものに、枝打ちの際に出たスギの木の梢《こずえ》の廃木があります。一枝千両といわれるスギ材が、タダかそれ同然でふんだんに使えるのですからこれほどありがたい木材はありません。

アトリエときのスギの樹皮を生かした手付きの小皿は、都会の人々に大人気の品。この皿を手にすると、この枝がかつて天空に向かってのびやかに成長していた木の一部であることを感じさせるからではないでしょうか。出来上がるのを待ちわびている人々の顔を思いながらつくっています。

梢の器（由布市・アトリエときデザイン研究所）
森から枝を切ってそのまま運んできたような、野趣にあふれた楽しい小皿。木材は、年輪の中心部分（芯）を残しておくと時間がたつと割れてくるという性質を持っているが、生木のままプレポリマーで加工すれば、割れを防ぎ、年輪が楽しめて、かつ衛生的に食べものを入れられる器ができる

日常の気づきを形にする

冬の降雪期の副業に木工を
―肩たたきと孫の手（岩手県二戸市）

岩手県二戸市の込山裕司さんは、もともとはバッティングセンターの経営者。雪でバッティングセンターの営業ができない冬の間に何かできないかと模索しました。肩を癒す肩たたきと孫の手を、東北で最も強靭かつ加工は無理だとされていたオノオレカンバの木でつくることを思い立ち、試してみたらみんなに喜ばれ、冬場の裏作からやがて生業へと発展しました。

会社の名は、町の特産品であり、花も実も美しいプラムにちなみ「プラム工芸」と名付けました。実は関東のご出身と聞く込山さん。すでにしっかりと土地の人になっておられます。

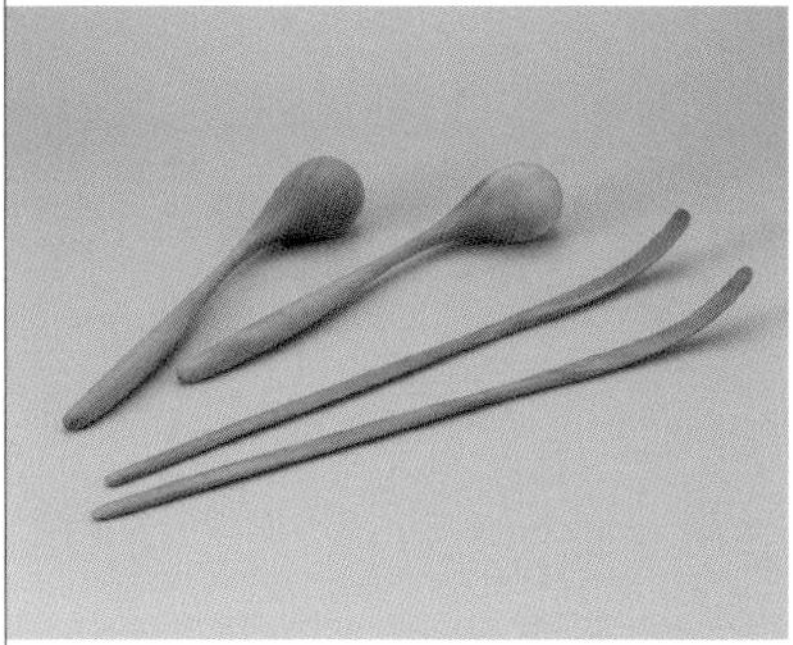

肩たたきと孫の手（岩手県二戸市）

地味めの生活用具をおもしろく
―鳥の靴ベラとそのスタンド（由布市・アトリエときデザイン研究所）

山村の朝は小鳥のさえずりで始まります。小鳥に励まされ、小鳥に送られて一日のスタートを切るのです。そんな小鳥をモチーフに、靴ベラとそのスタンドをつくりました。靴ベラのような一般的には地味な存在の生活用具も、デザイン次第で喜ばれる商品となります。

アトリエときの出身者、山口県下関市在住の小笠原俊治さんは、自立のライフワークのひとつに鳥の靴ベラシリーズを選びました。

家業がみかん農家で大分県速見郡在住の後藤優実さんも、湯布院の小鳥の声を楽しみながら4年間の研修を終え、みかんの木を生かした楊枝立てや小鳥

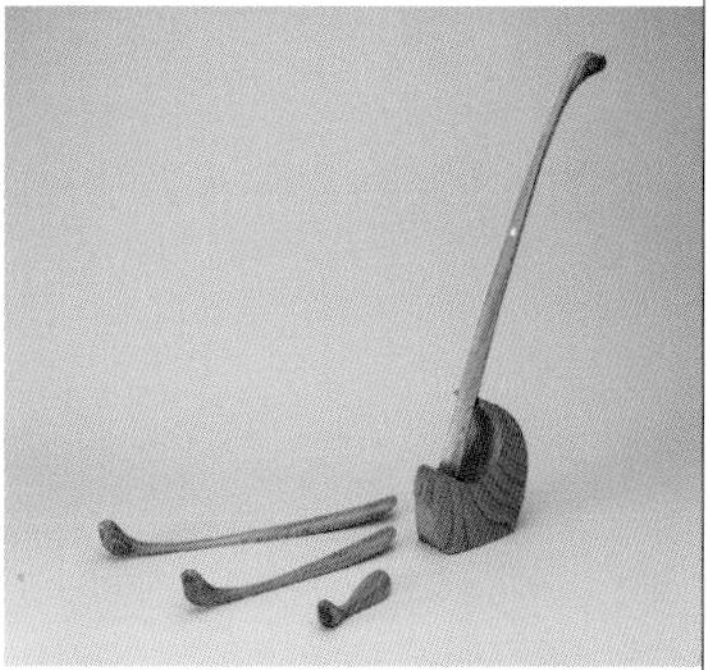

鳥の靴ベラとスタンド
（由布市・アトリエときデザイン研究所）

のスタンドを選んで作品づくりに取り組み、夢の「オレンジクラフト」を目ざしています。

食卓で製造過程が思い浮かぶ
「一夜漬けの器」
（由布市・アトリエときデザイン研究所）

浅漬けや押し寿司などおいしいものは、いつも台所の人目につきにくいところで用意されます。しかし、おいしいものはつくり方を知りたい、見たいと思うものではないでしょうか。

それ専用のよい器があれば、食卓に出すことでお客にもつくる過程を見てもらうという演出が可能です。見るおいしさが食べるおいしさに重なり、話もはずんで、味わいがさらに深くなることでしょう。

そんな楽しい食卓の道具にしたいと思い、木製の一夜漬けの器をつくりました。遊び心のある方に使っていただければうれしいです。

高齢者にも重さが気にならない
ラーメンどんぶり
（由布市・アトリエときデザイン研究所）

私は高齢となり陶磁器のどんぶりが重く感じられるようになりましたが、そんなとき助けになってくれるのが木の器です。特にクヌギは、伐採するとまた自然に芽が出て15年で元に戻る里山の見事な循環木。木材としてはあまり一般的ではありませんが、成長が早く固いため、ラーメンどんぶりなど大ぶりな器の素材としてもちょうどいいのです。

その他スギやヒノキの根本の台形部分も、普通は切り捨てられてしまいますが、ラーメンどんぶりには良材となります。

木から椀用に切り出すときに、幹の根元のほうから先のほうへと器の大きさを変えれば、木には100倍の価値が生まれます。カップラーメンも、器が変われば味も変わります。味覚は視覚が重要な要素であり、美しい器は食べものをおいくしてくれます。

環境にやさしく、
使用後は土に還る植木鉢
（由布市・アトリエときデザイン研究所）

2001（平成13）年、観光で知られた由布市の「由布院温泉観光協会」会長に、「山のホテル　夢想園」の志手淑子さんが就任されました。氏のモットーは「町にやさしく、人にやさしいおもてなし」。「循環のデザインで、湯のまちをやさしく美化しましょう」と私に熱心に語ってくれたのです。

そこから生まれたフラワーポットは、贈り物の花鉢を紙にくるむ代わりに使うことができます。自然の木でできているので部屋を飾るインテリアとなり、用が終われば土に還るというエコな製品。ここに生ごみを発酵させた土を入れ、野の花を植えて、里山の四季が楽しめるようにして設置すれば、湯布

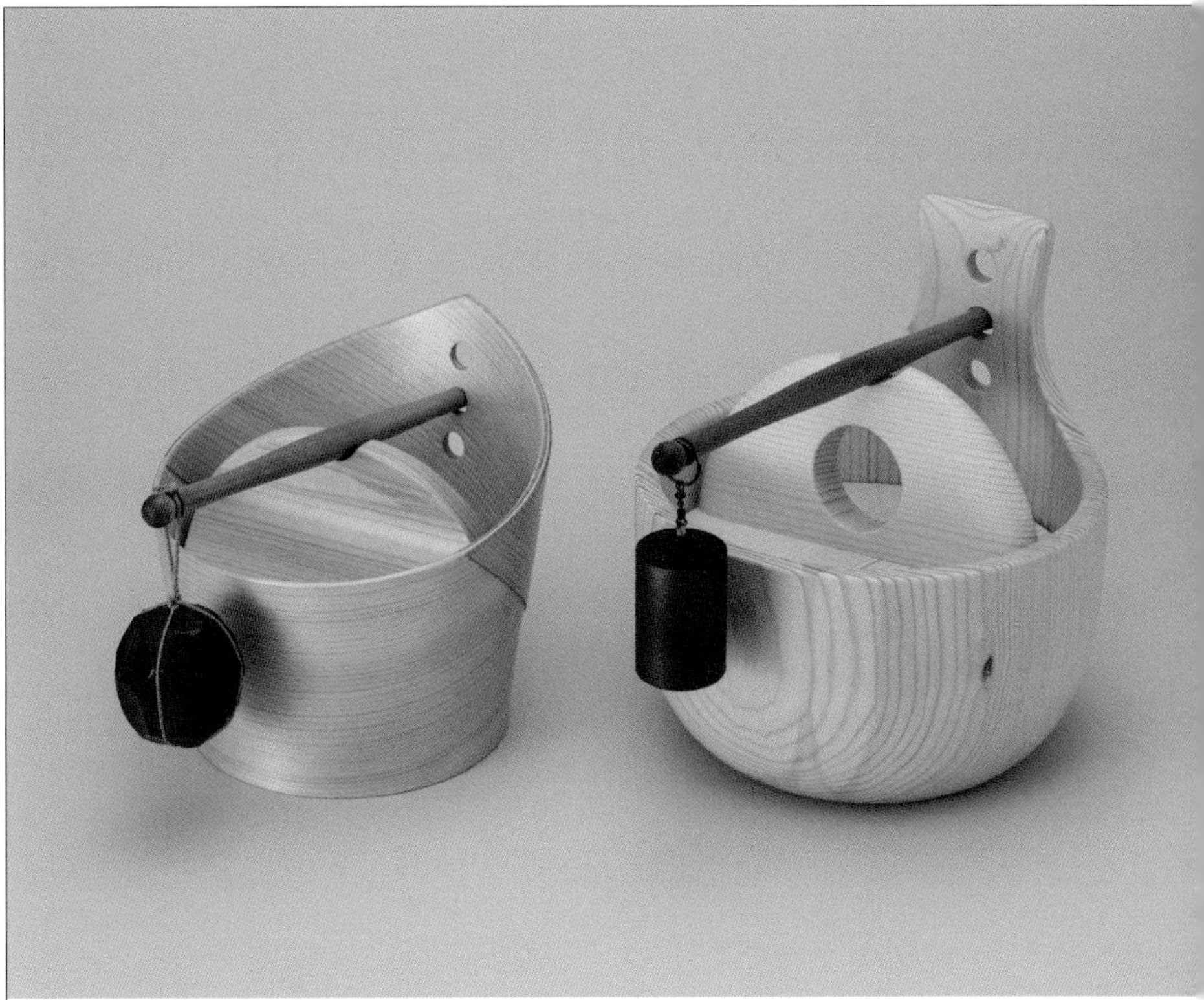

一夜漬けの器
（由布市・アトリエときデザイン研究所）

土に還る植木鉢
（由布市・アトリエときデザイン研究所）

ラーメンどんぶり（由布市・アトリエときデザイン研究所）

院らしい観光の風景がつくれると思います。

このポットは、スギの丸太に、厚さ12㎜の同心円を幾重にも描き、帯鋸で幾重にも切り抜くことで生まれました（55頁写真参照）。木の根元から上に向かってだんだんと直径が小さくなると、その部分は壁に掛ける一輪挿しやコップに仕立て、無駄なく使います。

あれから月日が流れましたが、循環型社会への転換が世界的な重要課題となっている今、伐り捨てられたスギの間伐材や風倒木を林業現場のゴミとするのではなく、山からの贈り物として活用することの大切さは、ますます増していくのではないでしょうか。

忘れ物に気づく、イヤリングと指輪のためのスタンド

（由布市・アトリエときデザイン研究所）

温泉地・湯布院の旅館では、たまに忘れ物騒動があります。そんな話を聞くうちに、私は大切なものを大切に置ける器があってもおかしくないと思うようになりました。大切な指輪はここに、と呼びかけてあげたい形につくりました。

イヤリングと指輪スタンド
（由布市・アトリエときデザイン研究所）

傷つきやすい桐の座卓が扱いのやさしさを育む

（由布市・アトリエときデザイン研究所）

大分県由布市は温泉に恵まれ、全国に知られた観光地です。ぬくもりのある町、癒しの里として、「女性が訪れてみたい温泉地」のトップの座を不動のものにしていますが、由布院温泉もはじめからこうだったわけではなく、四十数年間の「地域共生」の歩みの成果なのです。

「癒しの宿」を念願にしてきたまちづくりのトップリーダーのひとり「由布院　玉の湯」の社長（現会長）の溝口薫平さんから「旅館の家具が傷つきやすくなった」と相談を受けたのは1993（平成5）年でした。

実際に現場の客室を見せてもらうと、そこにあったのは宿泊客がつけたとは思えない傷。どうやら客室係や掃除係の女性たちが、銘木でできた重い座卓をひとりでは動かせずに、毎日引っ張って移動させ、掃除機をぶつけるたびに傷がついたようです。どっしりとした座卓のために起きたリスクだと考えて、私は溝口さんに、ここは思い切って軽い桐の木で座卓をつくってみては、と提案したのです。

桐の木の座卓なら女性でもひとりで

持ち運びができますが、材質がやわらかく傷がつきやすいのがネックでした。でも地元でつくるのですから傷は直せます。私は、一日の減価償却費を１００円と見込み、３６５日３万６５００円の減価償却費で補修すれば、毎年新品同様に戻せるのではないかと仮説を立てました。すると、傷みやすいものは営業に向かないという常識を破って、溝口社長は桐の座卓でいこうと言ってくれたのです。大きな決断でした。

　試行1年目の座卓は見るも無残、むごたらしく傷だらけで帰ってきました。重い料理の皿をドンと置く傷は痛ましい。私は表面を０・２㎜削り直し、傷やへこみは蒸気アイロンで復元してから食器用のやさしい塗料で塗り直して、ほぼ新品同様に修復しました。

　しかし、２年目には傷は半分に減り、3年目、４年目は、４年に一度の修理でよくなって、一日１００円と見込んだ減価償却費は25円ですむようになったそうです。

　その変化は、部屋係の従業員が、傷つきやすい桐の座卓を傷がつかないように丁寧に扱うようになったためでした。同時にやさしい振る舞いが知らずのうちに身について、ものをねぎらう心くばりが、お客様への心くばりとなり、玉の湯らしさ、やさしさがお客様に伝わるようになったのです。「やさしい癒しの宿」という評判も立つようになりました。

　溝口さんが最も苦労していた、癒しの宿をつくりあげるための従業員教育。それを、傷つきやすい桐の座卓に向かい合う毎日の習慣から、従業員自身が学び取ってくれたことへの驚きを溝口さんが話してくれたとき、この座卓をつくった私もうれしくてたまりませんでした。

　完璧な復元とまではいかず、小さな傷を残したままの桐の座卓ですが、お客様にそっと、お湯だけではないぬくもりがある由布院温泉物語を語りかけている気がしてなりません。

　あれからもう30年も使い続け、天板の厚みは５㎜薄くなったけれど、桐の座卓は今も現役です。

『玉の湯旅館は美人ぞろいですね、とお客様から言われることあるけれど、とんでもない。人はみんなそれぞれ個性を持っているので、共通の目標に向けて相手を信頼し、仕事をまかせれば、人はだれでも美しく輝いてくれる』

　これが今も現役で、長年「人材育成ゆふいん財団」の理事長を務める、まちづくりのトップリーダー・溝口薫平さんの人材育成の哲学です。

桐の座卓
（由布市・アトリエときデザイン研究所）

伝統と現代技術の融合

曲げわっぱ＋成形曲げ加工で「笑うえびす弁当」

（由布市・アトリエときデザイン研究所）

少なからぬ旧・湯布院町民の意に沿わなかった２００５（平成17）年秋の市町村合併の後、何か楽しいことはないかという由布院温泉の名旅館「龜の井別荘」の中谷健太郎氏の意を受け、新しい松花堂弁当を考えました。

狂言師・野村万作さんの舞台を見た際に、彼が腹の底から大笑いすると能舞台のマツの葉まで笑って見えたという経験をして、これまで丸か四角しかつくれなかった自分が情けなく、「もしも弁当箱が笑ったら……」と思いを巡らし、翌年に完成したのが「えびす弁当」です。

２００７年の第47回日本クラフト展に出品したこの「えびす弁当」は、思いもかけず、日本クラフト大賞をいた

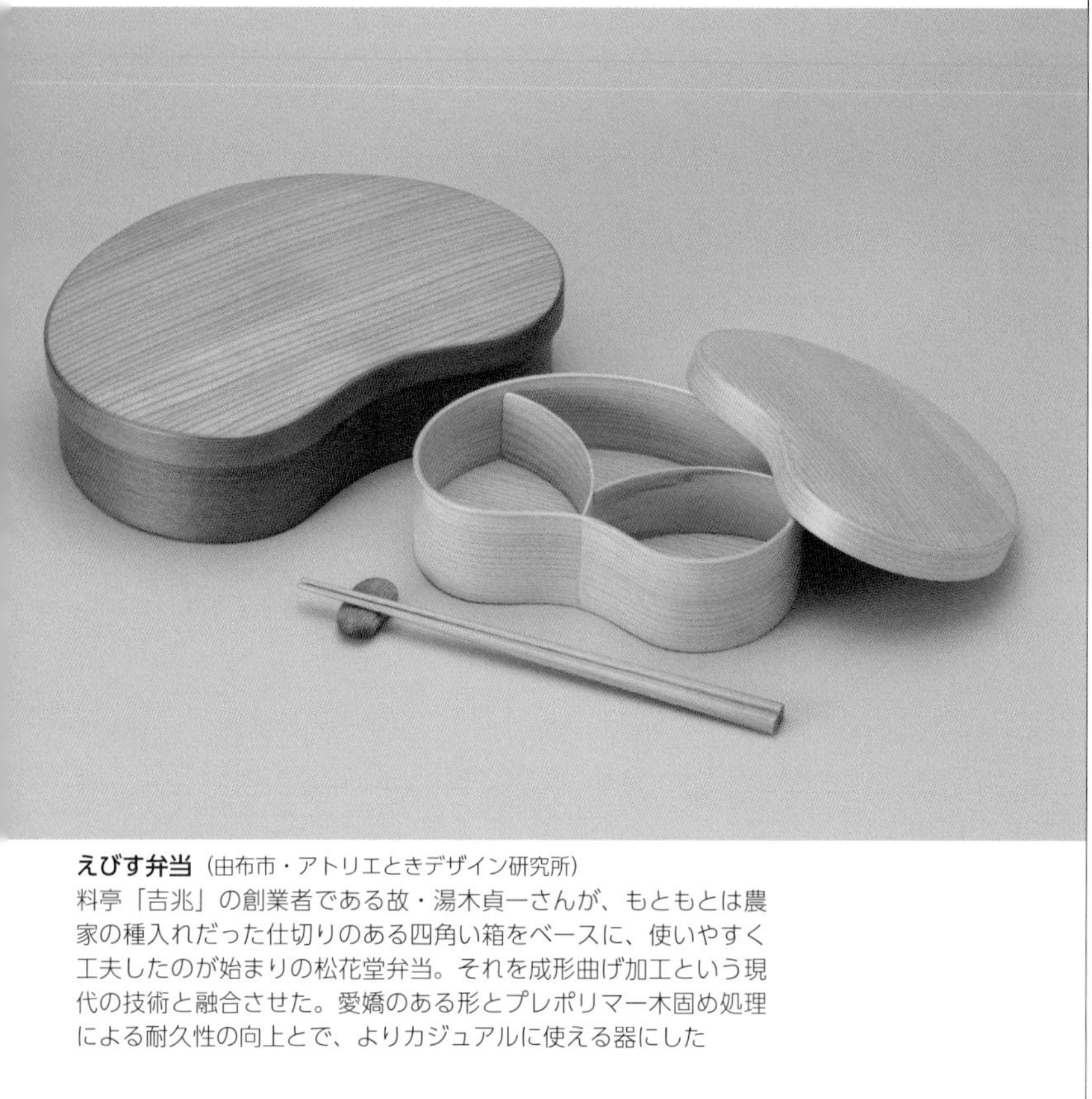

えびす弁当（由布市・アトリエときデザイン研究所）
料亭「吉兆」の創業者である故・湯木貞一さんが、もともとは農家の種入れだった仕切りのある四角い箱をベースに、使いやすく工夫したのが始まりの松花堂弁当。それを成形曲げ加工という現代の技術と融合させた。愛嬌のある形とプレポリマー木固め処理による耐久性の向上とで、よりカジュアルに使える器にした

だきました。

審査員・藤井啓太郎さん（籐作家）から選考評で、「伝統の技はその完成度の高さゆえ、それに新たなデザインを試みるのは至難です。丸か楕円の形が主流の曲げわっぱに成形曲げ加工を加えることにより、今まで大変な困難を伴ったへこみのある形が、かくも容易にかくも美しく、そしてユーモアとウィットに富んだやさしいフォルムで見事に実現しました。ろくろ加工と思われる蓋のやわらかなふくらみや曲線の中仕切りも美しく、穏やかな心地良さを感じます。伝統の曲げわっぱと近代の成形曲げ加工が融合し、新たなフォルムと新たな可能性を生み出しました。これは偉業です」と至高の賛辞をいただきました。

曲げわっぱが、山村クラフトで地域に復活することを願っています。

「成形曲げ加工」で洗練された造形の曲げわっぱ
（由布市・アトリエときデザイン研究所）

伝統的工芸品である秋田杉の曲げわっぱを代表とする曲げ物の弁当箱は、以前は日本中どこの田舎でもつくられていました。九州でも、昭和20年代（１９４５～１９５４）には丸竹を展開し竹板にして、竹の曲げ物の茶櫃《ちゃびつ》や弁当箱が盛んにつくられていましたが、どれも今思うと、蓋のゆるみも大きい素朴なものでした。

現代生活にあった洗練された楕円形

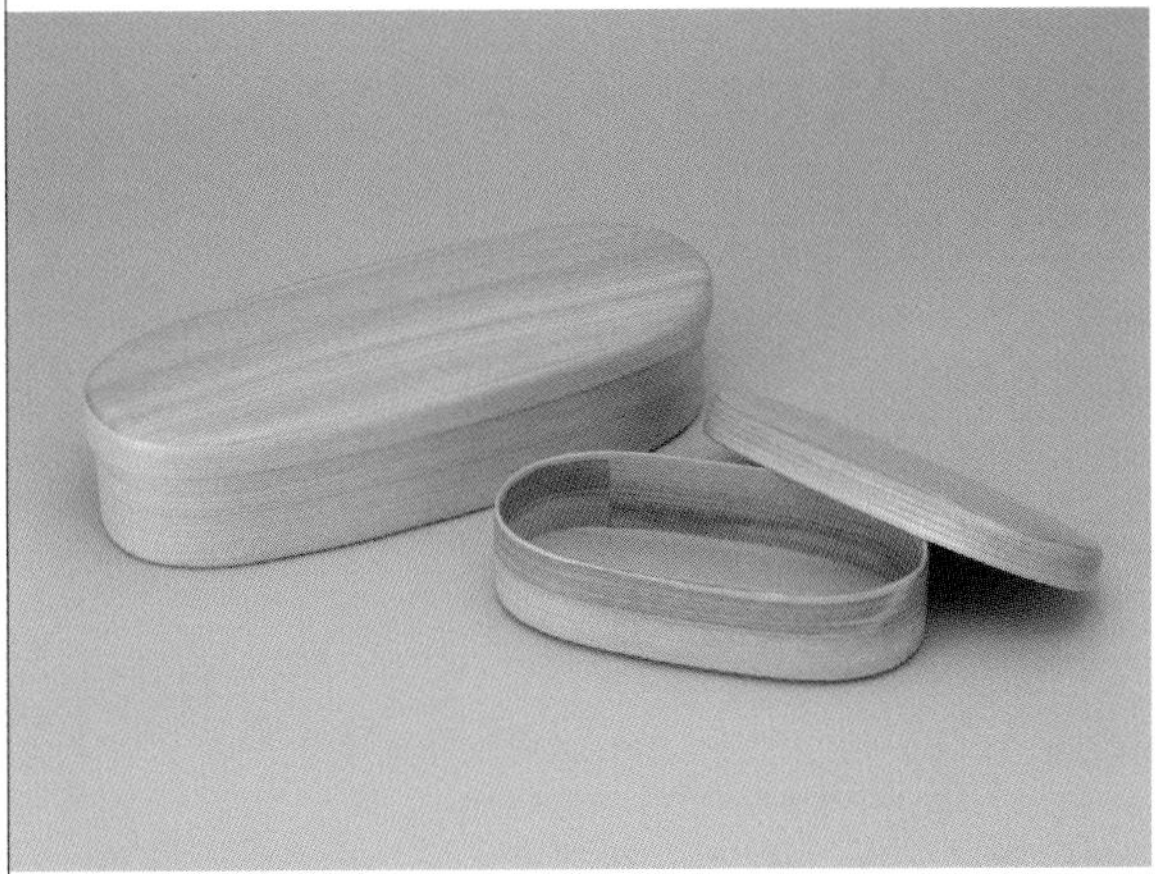

楕円形の弁当箱
（由布市・アトリエときデザイン研究所）
林業現場で壮麗な姿のスギやヒノキ、マツは、材にすると実に繊細な表情を見せてくれる。このしなやかな木の美しさを生かし、暮らしを美しく、食をおいしく、そして人を美しくしてくれる身近な生活に役立つ道具に仕立てたい。そんな願いを込めてつくった楕円のお弁当箱は、昔と同じ形ながら、細身で、やさしく、ぬくもりのあるモダンな品格へと進化していく。ろくろやヤスリで加工した蓋のふちの曲線が柔和な表情を見せる曲げわっぱの弁当箱は、精巧につくられているため、開け閉めに「もたつき」がない。留め具のサクラの木の皮がないなど、これまでにない商品にしたいと考えた

にするには、だれでも正確につくれるように成形保持具をつくり、正確に形を決める成形加工（成形曲げ）の技術を取り入れる必要があります。

　こうしてアトリエときでつくったモダンな楕円形の弁当箱は、サイズが7通りあり、本の間に挟める極細のブック形弁当箱もあります。

　これらは東京の松屋銀座の「デザインコレクション」のロングセラーのひとつになっています。使われた方からは、桜もちを入れるのにもちょうどよいとの声もいただきました。大分では、老舗旅館「由布院　玉の湯」のおにぎり弁当の器（2008年当時）としても親しまれています。

伝統の大館曲げわっぱにろくろ加工
（秋田県大館市）

　100年以上の歴史を持つ秋田県大館市の曲げわっぱは国指定の伝統的工芸品です。樹齢250年のスギにこだわっているのは、250年でなければつくれない造形美があるからです。スギが生きた長い時間は木肌にも現れます。それが貴重な森の遺産であることはつくり手自身が一番実感しておられること。老舗メーカーの社長である柴田慶信さんは、スギが育ったのと同じくらいの年月使ってもらえる器をどうしてもつくりたいと、器の端を木工ろくろで丸く加工し、汚れず洗いやすく、ふっくらと手にやさしいお櫃《ひつ》や弁当箱をつくり続けておられます。

ろくろ加工の曲げわっぱ（秋田県大館市）

　伝統に新しい技が加わって生命力が吹き込まれ、柴田さんのつくる曲げわっぱは、東京の老舗百貨店で評判の人気商品になりました。

　伝統技術の継承には、常に職人の手で新しい工夫が重ねられていくことが必要です。そうすることで初めて連綿と木の文化が伝承されていくことが可能になるのです。

パンや料理を盛る「浅いお櫃」を能代の桶樽技術で
（秋田県能代市）

　秋田県能代市の桶は、隣の大館市の曲げわっぱと同じく国指定の伝統的工芸品で、100年以上の歴史を持ち、祝儀用の角樽《つのだる》の産地として知られています。

　かつては、日本酒の仕込みの酒樽から日常の朝夕のご飯を入れるお櫃、水桶まですべてスギの桶が使われ、生活の必需品となっていました。

普通の桶はスギ材を柾目《まさめ》方向（縦）に割ってつくりますが、酒樽はスギを板目に木取って水が絶対に漏れないようにするといったように、そのつくり方にも工夫が重ねられています。

今では桶の需要は少なくなりましたが、選挙用の祝い樽については依然として人気があり、全国からの注文に追われているそうです。

代々桶樽が家業の鎌田康平さん（12代目）は、お櫃は家庭ではほとんど使われなくなったけれど、ご飯を保存するのではなく、料理やパンを盛るのに使える「浅いお櫃」をつくれば、暮らしを楽しくできるのではと考えて製作に取り組みました。

浅いお櫃（左）と箍《たが》のない飯切（秋田県能代市）

高速回転の刃によるルーター加工の器

ルーター加工は、ルーターマシンという木工機械に刃物を固定して回転させ、材料を保持具の上に固定して行ないます。保持具には凸型があり、凸型の保持具では器の外形を加工し、凹型の穴の保持具では器の内側を加工します。保持具は器の形状に倣って手動で移動し加工します。三角、四角、楕円、その他八つ手のように自由な形状の器が加工できます。刃物の回転数は、木工ろくろは材料の回転数300〜3000に対し、ルーター加工の刃物の回転数は2万回転と、高速に回転するので危険度も高くなります。刃物に絶対に手を近づけないような安全な保持具の扱いが大切です。生産性は高いので

ルーター

浅い櫃　基本図 (61 頁参照)

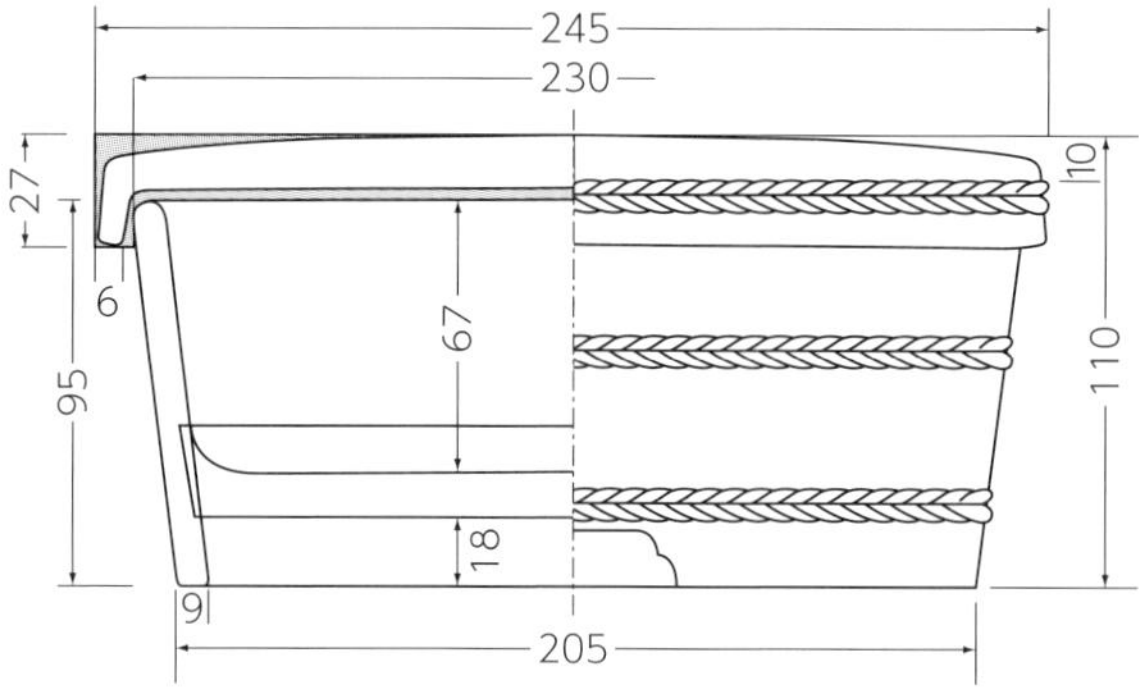

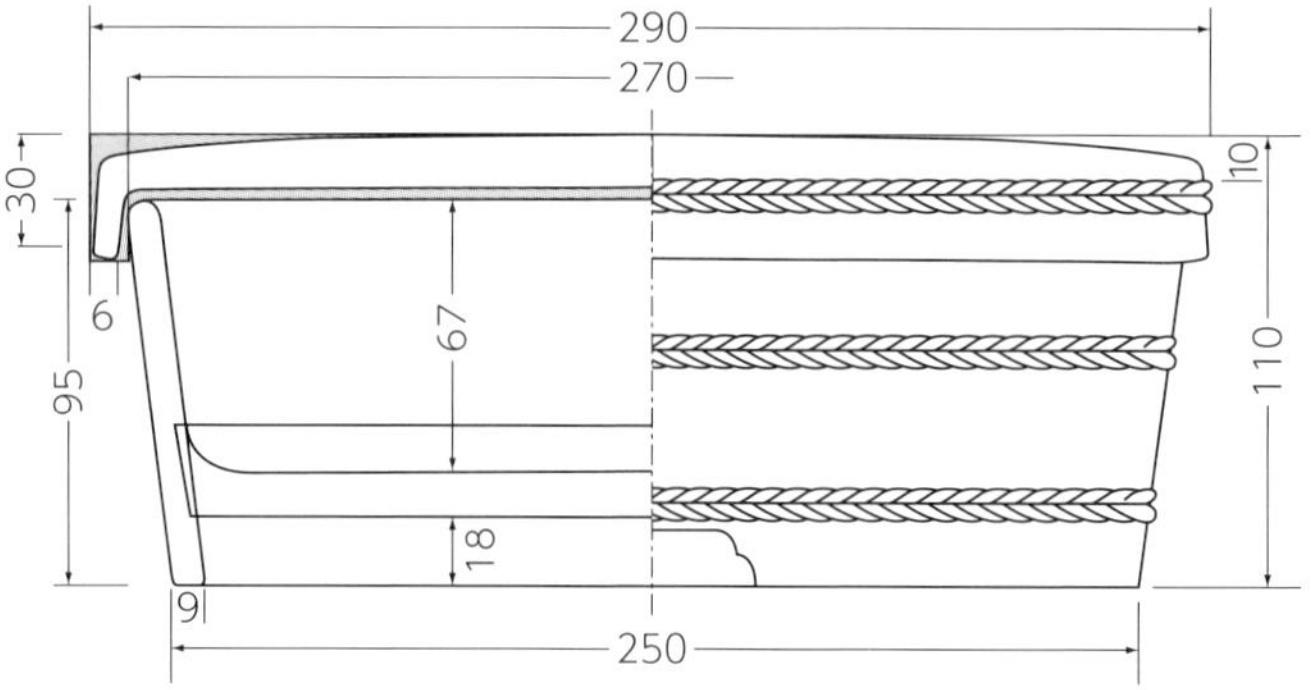

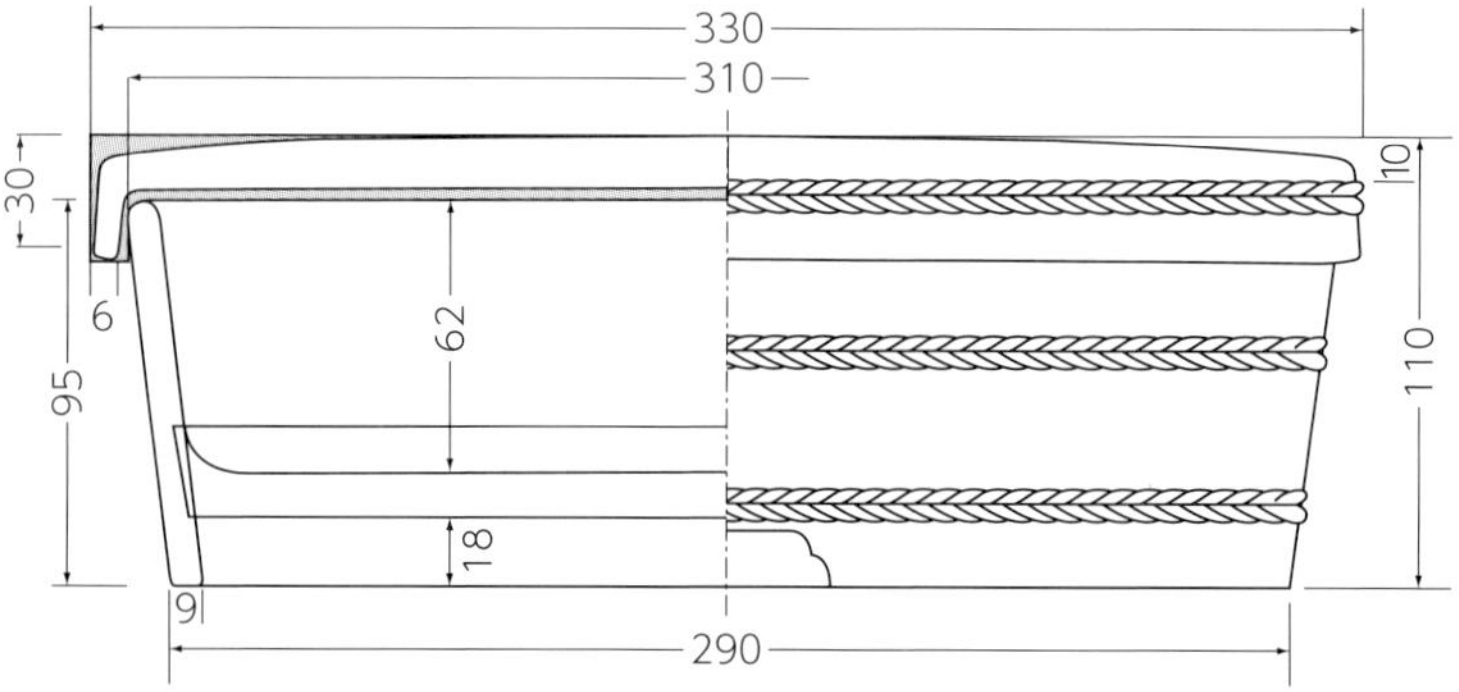

郵便はがき

おそれいります
が切手をはって
お出し下さい

1078668

（受取人）
東京都港区
赤坂郵便局
私書箱第十五号

農文協
http://www.ruralnet.or.jp/
読者カード係 行

◎ このカードは当会の今後の刊行計画及び、新刊等の案内に役だたせていただきたいと思います。　はじめての方は○印を（　　）

ご住所		（〒　　－　　） TEL： FAX：
お名前		男・女　　歳
E-mail：		
ご職業	公務員・会社員・自営業・自由業・主婦・農漁業・教職員（大学・短大・高校・中学・小学・他）研究生・学生・団体職員・その他（　　　）	
お勤め先・学校名	日頃ご覧の新聞・雑誌名	

※この葉書にお書きいただいた個人情報は、新刊案内や見本誌送付、ご注文品の配送、確認等の連絡のために使用し、その目的以外での利用はいたしません。

● ご感想をインターネット等で紹介させていただく場合がございます。ご了承下さい。

● 送料無料・農文協以外の書籍も注文できる会員制通販書店「田舎の本屋さん」入会募集中！
案内進呈します。　希望□

■毎月抽選で10名様に見本誌を1冊進呈■（ご希望の雑誌名ひとつに○を）

①現代農業　②季刊 地 域　③うかたま

お客様コード　| | | | | | | | | | |

17.12

お買上げの本

■ ご購入いただいた書店（　　　　　　　　　　書店）

●本書についてご感想など

●今後の出版物についてのご希望など

この本をお求めの動機	広告を見て（紙・誌名）	書店で見て	書評を見て（紙・誌名）	インターネットを見て	知人・先生のすすめで	図書館で見て

◇ 新規注文書 ◇　　郵送ご希望の場合、送料をご負担いただきます。

購入希望の図書がありましたら、下記へご記入下さい。お支払いはCVS・郵便振替でお願いします。

（書名）	（定価）¥	（部数）　部
（書名）	（定価）¥	（部数）　部

すが、機械加工の刃物跡が残るので、機械加工後の研磨が製品の良否を定めるポイントとなります。

　機種は手動式と自動式があり、山村クラフトでは設備が数百万と高額になるので、どうしても必要であればルーター加工専門の加工業者に外注することをすすめたいと思います。

　本書ではルーター加工はデザイン発想の参考にとどめておきます。

ルーター加工―楕円のクッキー皿、パン皿（秋田県能代市）

　いつもの丸か四角の器から趣向を変えて、食卓で洋食やパン、ケーキの皿として楽しめるように、楕円形につくりました。

　ルーター加工は、加工保持具の工夫で相似形に大小自由なサイズが加工できるので、クッキープレートからパン皿まで、さまざまなサイズ展開が楽しめる器になります。

楕円のクッキー皿、パン皿（秋田県能代市）

ルーター加工
―大野村の長方形の調味料トレー
（由布市・アトリエときデザイン研究所）

　ジャムやバター、調味料を一度に整理できるトレーは、生活に便利な道具。中でも長方形はルーター加工で量産でき、サービストレーとしての需要も多い形です。料理を直接盛りつけできるよう、人体に安全な食器用の塗料で表面処理が施されています。

長方形の調味料トレー（岩手県洋野市）

相似形仕立てが容易な
ルーター加工で花盆
（由布市・アトリエときデザイン研究所）

　２００５（平成17）年のＮＨＫ朝のテレビドラマ、湯布院を舞台にした『風のハルカ』の、山小屋風喫茶店でのシーンで活躍したサービストレーです。ルーター加工の相似形で、3cmおきに大小いろいろなサイズをつくりました。

少量生産の場合は、設備や保持具の製作費用を考えると、手彫りが可能な形態ならば手彫りの楽しさを優先したい。山村クラフトで、手加工の有利性が際立ってくるテーマです。

相似形で重ねる花盆
（由布市・アトリエときデザイン研究所）

ルーター加工で彫り抜きした「スイーツ列車」のランチボックス
（由布市・アトリエときデザイン研究所）

１９０６（明治39）年、九州鉄道が国有化されて活躍の機を逸した幻の豪華列車、それが１００年のときを経て「スイーツトレイン　或る列車」の名で、大分県と長崎県のローカル線に豪華観光列車としてよみがえりました。

この列車は「クルーズトレイン　ななつ星in九州」を手がけた水戸岡鋭治氏の設計です。その目玉は明るいメープル材を用いた白い車両と、ウォルナットの茶の車両の上質な空間で供されるスイーツコース。私はそこで使用する器のひとつとして、ランチボックスの製作を依頼され、考えあぐねた末に童謡『汽車ポッポ』を思い出しました。

ランチボックスは「汽車　汽車　ポッポ　ポッポ」のイメージで、揺れる車内でも安定した車両風デザインの長方形の器。ルーター加工で彫り抜きした労作です。それに添える5点のカトラリーは、置いたときに揺れにくく、かつ容易に手に取りやすいよう工夫したやさしい曲線のもの。どれも白いモミジと茶のサクラの2色の木でつくりました。

車窓の美しい田舎の風景と自然をテーマにした、地域の新鮮な旬の味覚を堪能できる旅は、いつも予約で満席だとか。私も、これからもＪＲ九州のローカル線と由布院温泉の活性化に貢献していきたいと思います。

生木をプレポリマーで加工したニマの器
（熊本県熊本市・熊本県伝統工芸館）

１９８６（昭和61）年、熊本県林業試験場の依頼で、熊本県の5つの町村に行き、山村クラフトを巡回指導したことがあります。

この年は熊本県伝統工芸館の創立5

スイーツ列車のランチボックス（由布市・アトリエときデザイン研究所）

周年にあたっていて、これを記念して開催された「山村工芸展」では、指導先の研修生の作品も出品されました。その多くはプレポリマー加工を施した生木の器（通称・ニマの器）でした。「ニマの器」は、アイヌ民族が丸木舟を彫るときの技術に由来します。工業デザイナーの秋岡芳夫さんが命名しました。広葉樹の樹皮を生かした素朴な

クヌギ皿（写真：熊本県熊本市・熊本県伝統工芸館）

形態が特徴です。

輪切りした丸太の中央を生木のやわらかいうちに木づちとノミでくり抜き、ノミ跡をバンカキ（外鉋）で平滑に仕上げて器にします。

生木で器をつくる場合、乾燥の途中で変形したり、ひび割れが生じたりすることがよくあります。小径木の輪切り材などは、特にひびが入りやすく、乾燥の過程で樹皮が剥がれ落ちてしまいます。

そのためニマの器の製作を途中で休むときは、材料を水に浸けてつけて保管しておくか、水をたっぷり含ませた布でくるんでおく必要があります。

もしくはプレポリマーをしみ込ませた布で加工面を拭いておくと、ひび割れを防ぐことができます。たとえばクヌギでニマの器をつくるとすぐにひびが入ってしまいますが、プレポリマーを使えば小皿や盆、小鉢を難なくつくることができます。

原点回帰、弥治郎こけしの技で箱づくり（宮城県白石市）

宮城県南部にある白石市は伝統こけしの里として知られています。江戸時代からミズキを材料につくられていた白い木肌の弥治郎こけしと葛根でつくる純白の片栗粉、温めておいしい温麺という白い素材でつくられた三品は白石三白と称され、市では毎年「全国こけしコンクール」も開催されています。

ろくろ職人が、忙しい仕事の合間に子どもに投げ与えた木偶《でく》が原形とされるこけし。このエピソードが物語るようにこけしの職人は、元は器をつくっていました。戦後のこけしブームで、いつのまにか片面加工の人形だけをつくるようになっていきましたが、今やこけしは文化に成長し、最近は再ブームになって若い人にもこけしファンが広がっています。

そんな中、こけし職人が昔の腕前を思い出してつくった、両面加工のこけしをほのかに感じさせる器を展示する、ユニークな「こけしの箱展」が仙台市内のデパートで開催されました。こけし製作だけにとどまらないこけし職人のこれからの作品づくりに期待しています。

こけしの箱（宮城県白石市）

農林漁家の営みを支援する

稲作の継続を支える米「ゆきむすび」のおむすびが映えるえびす盆
（宮城県大崎市鳴子温泉）

2010（平成22）年、宮城県・鳴子温泉の北に位置する鬼頭《おにこうべ》の地で、地元の農家、旅館の経営者、そして私の古くからの友人である結城登美雄さん（民俗研究家）が参加して稲作を継続できる生産費の確保を目ざした、食と農を守る大プロジェクト「鳴子の米プロジェクト」が、冷えていっそうおいしい「ゆきむすび」というブランド米を開発しました。

同プロジェクトが運営する市内でのおにぎり専門店「むすびや」で楽しむおむすびセットには、遠く大分県の湯布院と連携して、アトリエときの「えびす盆」が使われています。このお盆も含め、店で提供される食事用の器の素材はすべて地域材。地元の休耕田に自生しているヤナギの木の枝箸も添えるなど、土地のカラーも大切にしているのです。鳴子温泉と由布院温泉の絆が深まりました。

豊穣を祝う稲わらの器
（山形県真室川町）

山形県の真室川町は雪深い里。昔は冬場の手内職による稲わら細工が盛んで、漬物加工は今でも日本一の豊かなまちです。

稲わらは日本全国で、履き物や被り物といった生活の道具づくりに使われてきましたが、縁あって私が定

稲わらの器（山形県真室川町）
「真室巻き」は日本唯一の稲わらの器。わらを水に浸した後に縄に綯い、木型に巻きつけて形をつくる。漆やウレタン樹脂をしみ込ませてあるため防水性があり、おにぎりと漬物をのせるといった食器としての使い方もできる

「えびす盆」（宮城県大崎市鳴子温泉／製作アトリエときデザイン研究所）
目にした人の頬が思わずゆるむような楽しい形の「えびす盆」は、「むすびや」のためにデザイン、製作したもの。テーブルの上であまり場所を取らないようにした。この鳴子のスギでできた盆をはじめ、ハンノキの小鉢なども手がけた

期的に通うこととなった真室川町では、稲わら細工を現代の生活用具に合わせてデザインし直し、さまざまなパンかごや野菜かごが生まれました。

　設備を必要としないので、だれでも楽しくつくれるわら綯《な》いの器は、町の名にちなんで「真室巻き」と名付けられました。真室川器の会の主婦の皆さんが、楽しみながらつくっています。

　稲作民族である我々は信仰とも深く結びついたかたちでわらを使ってきました。現代のわらの器にも、素朴な収穫への感謝と五穀豊穣への祈りを感じることができます。

魚付き林の廃材を使った元漁師たちの器づくり

（宮城県唐桑町　現・気仙沼市）

「森は海の恋人」。こんなしゃれたキャッチフレーズのもと、漁師たちが、豊かな海を守るには川の上流に豊かな森（魚付き林）が必要だと、木を植える運動が続く宮城県唐桑町（現・気仙沼市）。今から30年近く前に、この町で、長年遠洋漁業で活躍しリタイアした人たちが、魚付き林の手入れで出る木材を生かし、あわせて沿岸の環境を保全したいと声を挙げました。

魚付き林の廃材でつくった盆
（宮城県気仙沼市・唐桑食の学校・木の学校）

　元漁師の声に動いたのが、当時この町でさまざまな活動の支援をしていた民俗研究家の結城登美雄さんです。彼から器づくりの指導について相談された私は、「まず食べることがあって、つぎに器がある。食べる生活を豊かにするのに器はどうあったらいいか、相互にキャッチボールして進めたいですね」とお伝えしました。その後、「食」研究工房「パテ屋」を主宰する林のり子さんの協力も得て、１９９４（平成６）年にできたのが「唐桑・食の学校・木の学校」です。

　「木の学校」の受講生は20人。授業は月に2回、半年間だけでしたが、木の特性からろくろの扱い、塗装までを宿題も含めてみっちりと学んでもらいました。さらに、「食の学校」でサンマなどの魚の燻製をつくるときには、「木の学校」から出た木くずを使うなど、地域資源を無駄なく使う試みも随所に盛り込み、アピール。講座期間終了後の発表会での、唐桑の食材を使った２００種あまりの新メニューを、これも唐桑産のスギでつくった器に盛るという、「唐桑づくし」は大好評でした。

　海のまちの「１次産業」から「地域目線の生活提案」へ。こうした試みがさらに広がることを期待しています。

張り合わせの楽しみ

木は植物であり、有機物であり、人にやさしい素材であるが、大きさには限りがあります。

小さく製材して材質的に同じような柾目模様を同じ方向にそろえて並べ、接着剤で張り合わせれば、大きな材が確保できます。材の並べ方の違いによってバリエーションが楽しめます。

端材を矢羽根模様にした卓上用くず箱

（由布市・アトリエときデザイン研究所）

木は張り合わせることによりいくらでも大きくなり、障子の桟のような幅14mmの小さな端材でも、丁寧に張り合わせれば捨てる材はありません。

生活様式の変化でパッケージ入りの製品も食卓に上がるようになって、食卓の上で出るゴミの置き場に困るようになりました。このように暮らしの中で、清潔で目障りにならない小さなくず箱が便利なときがいろいろとあります。

そこで私は、端材を日本の伝統的な矢羽根模様に張り合わせて付加価値を高めた素材でくず箱をつくりました。サイズを変えれば、ペン立てや楊枝立てにも使えます。

卓上くず箱とペン立て
（由布市・アトリエときデザイン研究所）

張り合わせの技法「木の葉皿」の場合
写真の奥にある丸太に木取りをし、写真右にあるように切り出した柾目材をさらにデザインに合わせて切り分け丸太の左にあるような素材にする、これを張り合わせたものが手前左の丸い合板。それを削って仕上げたのが一番手前の作品「木の葉皿」となる

表具師の伝統技術「重ね切り」を曲線加工に生かす

（由布市・アトリエときデザイン研究所）

木材は接着することによって大きな部材をつくることができますが、曲線面を正確に接着するのは困難でした。

しかし私は表具師が紙を重ねて「重ね切り」し、接ぎ張りを容易に正確に張り合わせる方法を厚い木材にも応用すれば、曲面の接着が正確になるのではと考え、試してみたのです。

重ね切りのようす

するとジグザグに重ね切りした木目の表情が、布を織ったかのような、これまでに見たこともない素材ができたのです。このまるで綾織のような表現で、間伐材や端材の活用の可能性が広がりました。

風倒木や間伐材でつくる「幸せの木の葉皿」

（大分県中津江村　現・日田市）

樹齢20～30年の小径間伐材でも、丸太を一辺3cmの角材に製材すると、四角形の一面は必ず柾目模様の一面があります。この柾目面を上面にそろえて色別に互い違いの模様に並べて接着すると、樹齢200年の銘木と同等の美しさが得られるのです。

この板の木目が直角に交差するように2枚を重ねて、対角線の中央を帯鋸で曲線に「重ね切り」し、上下の板を置きかえると、木の葉状の模様となります。これを丸く切り抜き、木工ろくろで皿に加工。木の葉のようにカットすると、葉っぱの皿が完成します。

幸せの木の葉皿（大分県中津江村　現・日田市）

大分県中津江村（現・日田市）では、1991（平成3）年の巨大台風で大量の風倒木が発生し、未曾有の山林被害を受けました。その際、電源地域振興センターの支援を受けて、被害木の活用に取り組んだのが㈱田島産業の田島信太郎さんです。鯛生《たいお》金山跡地に「鯛生山村工芸組合」を立ち上げ、

1997年には山村工芸館・工房「木《き》木《き》」をオープンさせました。

ここで私が指導した青年たちが、1991年の台風の被害木や間伐材で製作したのが「杉の木の葉皿」です。この皿は2000年に大分県で開催された「全国植樹祭」に出席された方々と、全国の町村の林業関係者に、大分県からの記念品「風の贈りもの」として配布されました。

樹齢20年〜30年の木が200年のものと同等の価値に生かされれば、何よりもだれよりも木自身が喜んでくれるに違いないと、以後私はこの器を「幸せの木の葉皿」と呼んでいます。

日本の伝統工芸技術の応用で風倒木が生かされ、山村の明るい話題のひとつになりました。

スギの間伐材でつくる綾織盛皿
（由布市・アトリエときデザイン研究所）

私はかねてより、どこにでもあるスギの小径木の付加価値を高め、ハレの場を飾る豪快な器をつくって、生活を楽しくしたいと考えていました。

林業では、スギの間伐材の活用は永遠のテーマです。矢羽根模様の接着面をさらに波状に「重ね切り」して接着してみると矢羽根模様が布の織模様のような表情に変化しました。

使用する接着剤は食品衛生法をクリアし、ろくろ加工でも刃物を傷めない接着剤の開発を寿化工に依頼、ここに日本で初めての食器用接着剤「タフネス接着剤」が完成しました。

スギの綾織盛皿（由布市･アトリエときデザイン研究所）
寄木細工の伝統技法である「重ね切り」を使ってつくられた角皿。材料となる木を薄くスライスし、一枚一枚重ねて張り合わせてからカットし、切り口に美しい模様を持つ種寄木をつくった後で、ろくろによって削り出して形づくっている

これを使えば木材のろくろなどでの加工時に、刃を傷めないことは大きな利点です。思えば戦後も長いというのに、しっかりした食器用接着剤が今までなかったことが不思議でした。このエポキシ系の食器用接着剤の登場で可能になった盛器は、伝統工芸の重ね切りの応用により、曲面接着が容易になり、新しいデザインの可能性を広げています。

スギの間伐材を矢羽根集成材にした「ツヤマボード」
（宮城県津山町　現・登米市）

宮城県津山町（現・登米市）は東北一の北上川の流域にあり、川から立ち上る川霞で沿岸の山々のスギが豊かに育ちます。しかし、成長が早いだけに木目の荒いスギは、木材市場では評価

矢羽根模様の集成材「ツヤマボード」でつくった整理箱（宮城県津山町　現・登米市）
スギを丁寧に矢羽根模様風に継ぎ合わせてある矢羽根集成材は、使用した木材の色みの組み合わせ方で、さまざまな表情を見せる。それをプレポリマー（産業用木固め剤）で加工することで、食器などの製作もできるようになった。現在、クラフトショップ「もくもくハウス」では、この集成材を使った四角い「おべんとう箱」が大人気だという

が低いのが悩みでした。

この木目の荒いスギの付加価値を高めるために、私が考えたのが、１９８２（昭和57）年に利用した矢羽根集成材を加工し、スギの間伐材を利用した矢羽根集成材をつくること。これをもとに「何でもつくれる箱産業のまち」づくりを行なおうと提案しました。

この矢羽根集成材を、津山町は「ツヤマボード」と名付け、日常の工芸的生活用具や玩具、家具の生産から建材まで、木工品の加工生産と素材市場整備を一体となって進めました。

間伐材を利用して建てたシンボル建築「もくもくランド」は、その中にクラフト商品の展示販売施設である「もくもくハウス」、郷土料理を提供するレストラン、竹の加工などを行なう施設、農産物の販売施設、郷土文化の展示や保存を行なう伝習館などがそろったもの。この施設は地域材の津山杉を軸とした地域文化の発信基地となっています。

木の葉のベンチ（由布市・アトリエときデザイン研究所）

その後交通の要所として町は発展。仙台都市圏への産品の浸透を図るため、仙台市内にアンテナショップも設置しました。

重ね切りの板を張り合わせた木の葉のベンチ
（由布市・アトリエときデザイン研究所）

2016（平成28）年の熊本地震で、隣県の観光地である湯布院も大きな被害を受けました。しかし、住民の復興への努力の甲斐あって、その2年後の春には、町の新たなシンボルとして観光案内所が駅前にオープンすることとなったのです。

「由布市ツーリストインフォメーションセンター（愛称ＹＵＦＵｉＮＦＯ／ゆふいんふぉ）」と名付けられたその建物は、建築家・坂茂《ばんしげる》さんのデザイン。エントランスから内部へと続く木材を使った木を思わせる形状の大きな柱と、そこから枝が伸びたように続いている天井とが、見る人に森を想像させます。私はその屋内空間にふさわしい、落ち葉の形のベンチをつくりました。

　このベンチには建物の品格に合わせつつ、子どもたちに愛されるローカル性もぜひ取り入れたい。そして観光客が旅の疲れを癒して、滞在の印象が忘れがたいものとなるような良質なものでなくてはなりません。こうした私の思いを実現させるには、新しい発想と伝統技術の革新的応用が役立ちました。

　こんなベンチが、街角にもひとつふたつ置いてあれば楽しいと思います。

木の葉のベンチ図

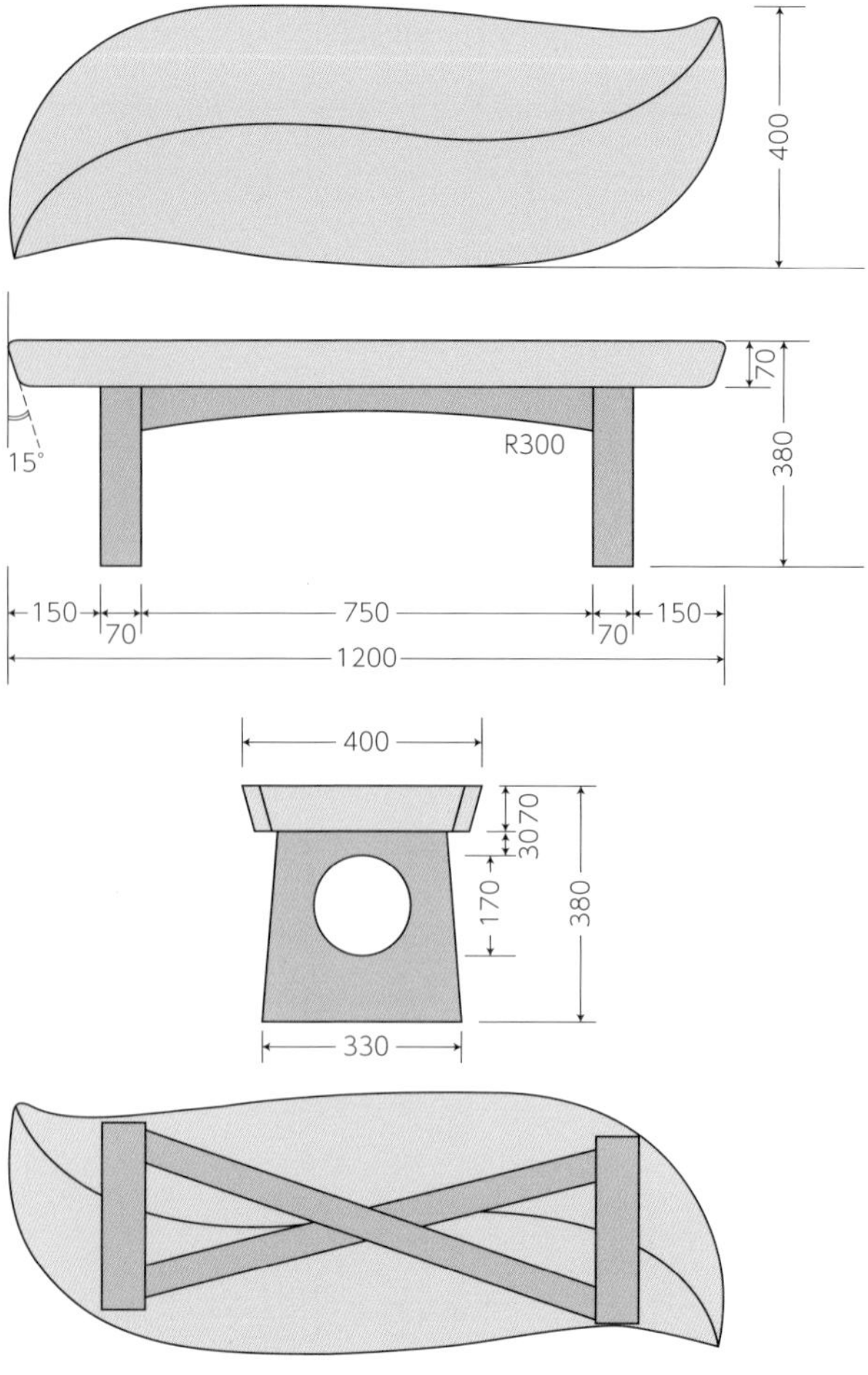

大分県産のスギの間伐材を使用し、クヌギの葉をイメージして製作したベンチ。重ね切りの技法でつくった集成材の作品としては異例の厚みがある。プレポリマーPS木固め剤で加工してあるので、掃除も容易だ。「湯布院　玉の湯」の湯の坪街道沿いポケットパークにも設置されている

地域素材を生かす

リュウキュウマツでつくる「ミーフギチャダイ」（沖縄県石垣市）

沖縄の南・石垣島文化センター（当時）の依頼で、戦後途絶えたギリギリ（木工ろくろ）の復活を手伝ったのが私と沖縄の人たちとの長い交流の始まりで、１９８１（昭和56）年、44歳のときでした。

当時初めて目にした、石垣市民の暮らしに息づく穴の開いた茶托「ミーフギチャダイ」には驚きました。鎌倉時代、禅僧によって中国から日本に持ち込まれたとされる、天目茶碗をのせる天目台に似ていて、ここは大陸文化の通り道なのだと実感させられたものです。

私はその後、２０１５～２０１８（平成27～30）年まで、沖縄本島の最北端・国頭村《くにがみそん》の「ヤンバルクラフト作り手養成塾」に指導に通い、現在も沖縄とは深い交流が続いています。

国頭村は、飛べない鳥「ヤンバルクイナ」の保護区であり、日本で33番目に国定公園に指定された「やんばる国立公園」の一部を占める自然豊かな土地柄。この公園は沖縄の固有種動物の宝庫で、ユネスコの世界自然遺産の登録候補地にもあげられています。

この地に育つ沖縄固有のリュウキュウマツは、日本列島のマツの中で最も強靭で美しいもの。北海道のアカマツ、トドマツの材は白くやわらかく、東北のナンブアカマツ、ヒメコマツはヤニが多く、関東で喜ばれ全国の海岸の防砂林として使われているクロマツは、材は白く照りがあります。九州一円のマツは、昭和から平成にかけて松食い虫の被害でほぼ全滅し、被害は全国に広がりました。

リュウキュウマツの食器（沖縄県石垣市）

ミーフギチャダイ（沖縄県石垣市）

そんな中で、沖縄のリュウキュウマツは毎年の台風をものともせず強靭。透明感のあるアメ色の、明るい雰囲気を持つ器がつくれます。

２０１９（平成31）年１月に開園した村立くにがみこども園の給食器は、「ヤンバルクラフト作り手養成塾」での２年間の研修を終えた山川安雄さんたち、「やんばるクラフト生産普及組合」のメンバーの手づくり。「やんばるの木材資源を１００倍の価値に高める」を合言葉にしています。

海岸沿いのクロマツで食器づくり
（茨城県大洋村　現・鉾田市）

茨城県大洋村（現・鉾田市）は、太平洋に面したクロマツの海岸線が続く海沿いの村。この地で、２００４（平成16）年から相内義雄さんを中心に、器づくりの研修が始まりました。

その舞台は、スポーツ予防医学を使っての村民の健康づくり推進で知られる石津政夫村長（当時）が、クロマツの木での食器づくりを将来の新たな産業に育てようと、農産物直売所に併設した木工房です。

クロマツは樹皮は黒いが木質は純白で光沢があり、関東の人々には祝いの樹として尊ばれています。この木工房から生まれた食器も、地元で獲れるハマグリやヒラメなどの新鮮な魚料理に格別な器として喜ばれました。

大洋村のクロマツによるお盆
（茨城県大洋村　現・鉾田市）

１５０の樹種からなる広葉樹林を生かした「一〇一種類の木の椀」
（島根県匹見町　現・益田市匹見町）

日本中のどの農山村にも、60～80種の樹木があるといわれています。温帯系と寒帯系が出合う島根県匹見町は、町の90％が森林で、なんと１５０種類もの広葉樹があります。

１９８０年代にこの地に指導に招かれた秋岡芳夫さんは、これまでのようなパルプ材として切って売るだけの採取型林業を第一林業と位置づけ、スギやヒノキといった針葉樹だけしか育林しないのを第二林業としました。そしてこれから必要な林業は、木の加工技術を持ち、森林を育てながら自然を減らさない、森との共存型林業だとして、第三林業へ取り組むことを説きました。

秋岡さんの話に共鳴した地元の人々は１９８４（昭和59）年に第三林業開発グループを結成。代表の大谷信一さんやメンバーの大谷照行さんたちは樹

いろいろな樹種からつくった椀
（島根県匹見町）
素材の異なる木の椀がずらりと並ぶと、その色や木目の多様さ、手に取ったときの重さの違いにだれもが驚く。一本一本の木の個性が引き出された木工の一例だ

木図鑑を片手に森に入り、１００種類の樹種を確認し、１００種の木で椀をつくって、器にならぬ木はないことを体験したのです。

「一〇一種類の木の椀」と名付けられたそれらの器は、一つひとつ色が違い、香りが違い、樹木の花が咲いたように華やかです。一〇一とは「たくさん」、つまり豊かなという意味でした。

町のピンチから生まれた鶯沢のあかり（宮城県鶯沢町　現・栗原市）

平和な山村の小さな地域は、時に天災・火災・経済情勢などの深刻な危機にさらされます。

宮城県の北、鶯沢町（現・栗原市）は、鉛鉱山で栄えた町でした。

１９８５（昭和60）年、三井鉱業細倉鉱山が閉山、廃坑となり、町があかりが消えたように寂しくなったころ、私に町の再生の相談が持ち込まれました。それを受けて現地に赴いた私は、新しいまちづくりのグループの核となる佐々木強さんと、地域デザインのストーリーを練ることから作業を始めたのです。

地域はそれぞれ固有の風土と固有の歴史と固有の文化を持っているのだから、そこには必ず固有の価値があるはずです。どんな歴史とどんな暮らしと、どんな問題を抱えているのか、どんなまちづくりを進めていくのか、地域デザインのストーリーを練って、そこから地元の木材を使った具体的なものづくりへと移っていかなければなりません。

鶯沢町の場合は町の主要産業であった鉱山が閉山したために経済的基盤が崩れ、町民の多くが町を離れつつある非常に深刻な事態に直面していました。そこで、まず細倉鉱山の鉛と町との関わりを考えてみたのです。

その結果わかったことは、鉱山は町にあったものの、鉛はあくまで鉱山の塀の中のものだったということ。町の人の生活と鉛が直接関わることはなかったのです。ですから鉛を塀の中から連れ出し、鶯沢町の人たちの生活の中でとらえ直してみました。

鉛の採掘は、かつてはカンテラ、そしてガス灯、それから電気とあかりに頼らなければできませんでした。鉱山の灯が消えても、鶯沢の灯が消えるなんてあり得ません。そこで自分たちの生活を支えてきた灯をもう一度見直し、町の本来のあり方を照らし出してみようというテーマでつくったのが、インテリア用の電気スタンドです。

電気スタンドとしては丈長で、ほっそりしたフォルムの本体ながら、木をうまく組み合わせることによって倒れにくい照明器具が生まれました。これは通産省の電気器具認定を受け、一般家庭やホテル向けとして商品化されました。そしてこれらの照明器具は、鶯沢の町の人にとっては単なるモノにとどまらない固有の意味を持つ「かたち」になったのです。

ランプスタンド（宮城県鶯沢町　現・栗原市）
インテリア性の高い洗練されたデザインの電気スタンド。鶯沢町の木を素材として使い、うまく組み合わせることによって安定性を高めるとともに、この町ならではのストーリーを秘めた製品となった

鶯沢町ではこのほかにセロテープスタンド、ペーパーウェイト、小さな花立てなどもつくられましたが、たとえば調理道具や食器は、風土の反映である郷土料理に応えようと、試行錯誤の中で物の形を変え、やがてその地域固有の形に完成されていきます。言うなれば、その地域らしい暮らしのないところにはその地域らしい形はないのです。だれのために、そして何のためにつくるのかということを問うことが、工芸における形探しの出発点ではないでしょうか。

観光地・湯布院の温泉旅館でも、鶯沢のあかりはやさしいともし火となって宿泊客を癒しています。

島の天然ヤブツバキでつくる生活木工品

（長崎県上五島町　現・新上五島町）

長崎市の西方100キロの五島列島

は、5つの島を中心に大小140あまりの島々が西海国立公園に指定されています。上五島町には686万本の天然ヤブツバキの自生林があり、毎年一万本が増殖されていて、その実から椿油が生産されて町の特産品となっているのです。

1587（天正15）年、豊臣秀吉が発布した禁教令に弾圧された各地のキリシタンは、開拓移民として離島へと移住、ひそかに信仰を守り続けました。

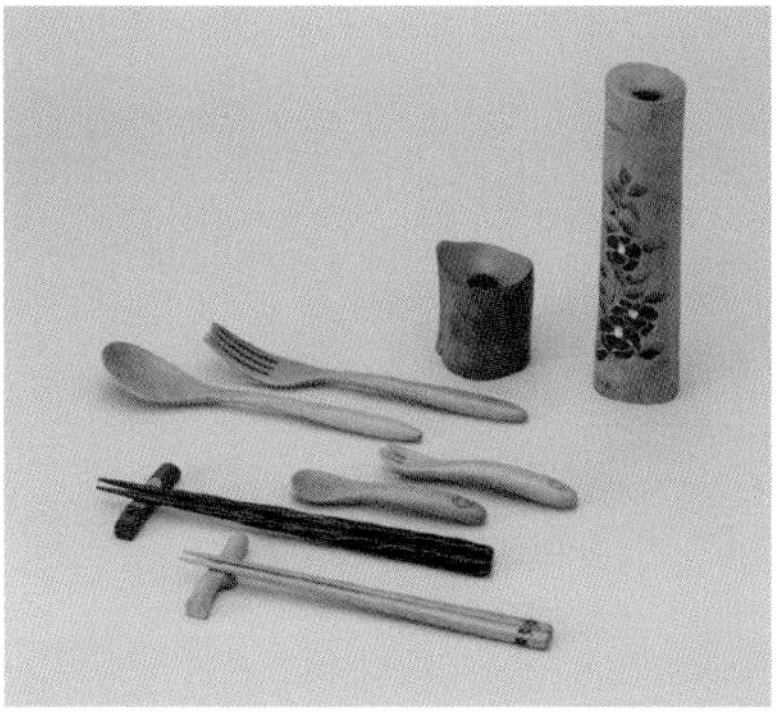
ツバキの器（長崎県上五島町）

こうした信徒たちの思いと、弾圧、迫害の歴史、点在する大小53の教会に対して2018（平成30）年、ユネスコの世界文化遺産への登録がかなったのです。

成長の遅いツバキの木はその分、堅くて丈夫な木に育ちます。地元で木製品の工房を営む犬塚忠生さんが育てた「新上五島町椿木工技術振興会」は、若手女性起業家の川口伝恵さんを旗手にメンバーは30名をこえ、「つばき木工房」でヤブツバキの木をはじめ島のさまざまな木を使ったすぐれた生活用具をつくり、日本丸などの大型客船も寄港する港の朝市では、観光客に人気の商品になっています。

水源林のスギ丸太でつくる水紋皿
（東京都奥多摩町）

首都・東京にも山村があります。東京の奥座敷・奥多摩町は町の94％が森で、1億8900万tの水を溜める奥多摩湖のある、水源の町です。

この地で林業家の原島昭和さんは、長年にわたり広大な水源涵養林を守ってきました。それだけでなく、息子の啓さんとともに、年間200万人の観光客を集める東京都民の憩いの地・高尾山から青梅街道沿いの周遊路を「木の街道」とする構想を進めたほか、山村クラフトで学校給食器から日常の生活用具までをつくって、「木の家」と

水紋皿（東京都奥多摩町）

いう工房兼クラフトショップでの販売も行なっていたのです。

原島さんが手がけた「水紋小皿」は、スギの丸太を斜め45度にスライスし、木工ろくろで加工し割れや狂いを防止する工夫がなされた水玉模様の楽しい小皿。サイズ、雰囲気とも地元で獲れる清流の魚「カジカ」の刺身を盛りつけるのにちょうどよく、コンクールの受賞作品です。

「木の家」は現在「東京・森のＣｏｒｙ《コリー》」として生まれ変わり、〝東京の森〟をフィールドにした森と都会のコミュニケーションの拠点づくりプロジェクトが行なわれています。「水守り人」原島さんの思いを受け継いだ活動に期待しましょう。

竹を生かす

ろくろ加工でつくる竹の箸立てや花立て（大分県別府市）

日本一の温泉地を誇る大分県別府市の竹製品は、国の伝統的工芸品に認定されており、この地には竹細工の伝統工芸館と、日本で唯一の竹工芸の訓練校もあります。この職業訓練校は2年制で、募集をすると高校を出たばかりの人から社会人まで、全国から応募があります。

伝統を守りつつ、時代にあった新製品も開発しようという頼もしい事業が行なわれている一方、竹をそのまま利用したろくろ加工の竹のコップや花立ては、１９５０年代半ば（昭和30年ころ）以降盛んにつくられたものの、需要がなくなったため今では全国でもつくる人がほとんどいなくなりました。

丸竹の表皮は硬く、割れやすいので、こうした筒状のものをつくる際には表皮を除いて内皮を活用するのが割れを防ぐポイントで、しなやかな形状のものができます。

竹は丸いようですが正円のものはありません。少し楕円に変形している自

竹の箸立て（大分県別府市）

然の形状を生かすと、縁にやわらかなカーブが得られ、やさしい雰囲気の竹の器がつくれます。

竹を煮沸してつくる曲げ丸盆と角盆
（由布市・アトリエときデザイン研究所）

竹は強靭ですが煮沸すれば自由に曲げることができるので、昔から盆や器の縁に利用されてきました。底板にスギやその他の木を張り合わせた板や合板ベニアを使っている場合、傷つきやすい縁が丈夫になるという利点もあり、学校給食用のトレーなどにも便利だったのです。成長が早く、軽くて強い竹の活用が、現代でももっと行なわれてよいと思います。

竹の丸盆
（由布市・アトリエときデザイン研究所）

形状のおもしろさ

ハート皿
（由布市・アトリエときデザイン研究所）

葉の形をデザインにした、カツラのバレンタインハート皿
（由布市・アトリエときデザイン研究所）

齢《よわい》80になっても、バレンタインのチョコレートをもらうと何となくうれしくなります。いつの間に、こうした文化が日本に根付いたのでしょうね。

将棋盤の材料として使われるカツラの木は、毎年春の新緑のころにその美しさが際立つ、可憐な浅緑の樹。丸い若葉はハートの形です。これにちなんで、バレンタインのお返しにハートの小皿をつくりました。

虫食い穴が楽しい立食パーティー用の器
（由布市・アトリエときデザイン研究所）

直径10～15cmの小径木や間伐材でも、

立食パーティーの器（由布市・アトリエときデザイン研究所）

すきま皿（由布市・アトリエときデザイン研究所）

一辺が３cmの角材にして柾目面を上面に並べ、張り合わせの模様を工夫して集成材にすれば、上質で美しい木の葉模様の集成材の皿がつくれます。

私は、立食パーティーの際に、こんな皿と箸とコップを一緒に持って歩けたら最高に楽しいと考え、専用の皿をデザインしました。

フキの葉をモチーフにした集成材の皿に、大きな虫食い穴をあけて、そこに木製の軽いコップを収めたら、皿とコップを片手に持ったまま、飲み食いしつつ楽しく談笑できるようになりました。ありそうでなかった新しいデザインの提案です。

ろくろがなくてもつくれる、細いすきま皿

（由布市・アトリエときデザイン研究所）

カキの葉は、やや細めで長い。そんな形にヒントをもらって、木工ろくろがなくてもつくれる細長い皿をデザインしました。

珍味やフランスパンの盛り合わせに、食卓で場所を取らずに活躍する器です。

スギを張り合わせた板を重ね切りして細長い葉っぱにつくったので、これに合う新たな細長い料理が生まれないかな、と期待しています。

第3章 山村クラフトの技法

木材の入手から乾燥・木取りまで

材料をどう入手するか

木はすべて平等で器にならない木はありません。人間と同じように木々にも平等な権利があります。私はそれを「樹権」と呼んでいます。木を根元から末、枝まで使い切ることによって、原材料は、販売価格の10分の1以下に抑えることができます。

樹種を選ばず適材適所のデザイン、やわらかい木と堅い木を使い分け、補うことによって木の原材料には不自由はしなくなります。

日本には、１００種類をこえる樹種があります。里山は活用林であり、用途が決まった樹種が中心であるため、自然林ほど多種ではありませんが、30種ほどはあります。

現代人が知っている里山の木といえば、せいぜいスギ、マツ、ケヤキ、サクラ、モミジなどの、5、6種類でしょうか。そのためクラフトに使う材料を入手する段階になると、どの木が一番よいのか、だれもが気にします。

一番よい木を使いたいと思う気持ちはわかりますが、よい木というのは存在しません。逆に悪い木というのもありません。人間と同じように、木もそれぞれ個性を持っています。木材に優劣はないのです。個性にあった目的をあてがえば、どの木も一番よい木になります。一本の木でも根元と頂点、樹皮と芯では見た目がまったく異なり、それぞれに美しさがあります。こうした違いをまず知ってから、どんな木材を入手したいか検討するようにしたいものです。

山村クラフトに使う木材の入手ルートはいくつもありますが、直径5～12cmくらいの小径木なら、無償で手に入れることが可能です。次のような視点で身近な木材を探してみましょう。

(1)自分の家や近所、親戚の庭に伸びすぎた木はないか。

(2)近くに農家があれば、切ってもよい木がないか聞いてみる。

(3)シイタケ栽培用の原木や薪を販売している業者に不要な木材がないか聞いてみる。

(4)同じく地元の造園業者、庭師に聞いてみる。

(5)台風の後に粗大ゴミ置き場に行くと、大量の木材が捨てられていることがある。

(6)地元の森林組合に相談してみる。

余談ですが、パルプ用の木材チップ材料が集まる森林組合には、その地域で採れたさまざまな広葉樹が山積みされていて、一度に見ることができるため、樹種の特徴を知るには最適な場所です。近くに広葉樹を扱う森林組合があればのぞいてみるとよいでしょう。

半割丸太工法で どんな木も１００倍の価値を生む

「半割《はんわり》丸太工法」とは、小径木や変形木、根曲がり材を食器として活用できる木取り《きど》の方法です。

この木取り方法によって、直径20cm足らずの小径木から椀、ボウル、皿などさまざまな食器をつくることができます。さらに椀の側面に木目がきれいに出るのも利点です。半割丸太工法のメリットは３つあります。

(1)丸太の形状に合わせて、樹皮ぎりぎりの部分まで無駄なく使える。

(2)小径木の材料であっても、この木取りにより木目が多く見え、美しく表現され、銘木的価値が生まれる。

(3)根曲がり材や太い枝などでも樹種を問わずに材料にできる。

木工ろくろによる木地加工での椀加工の工程図

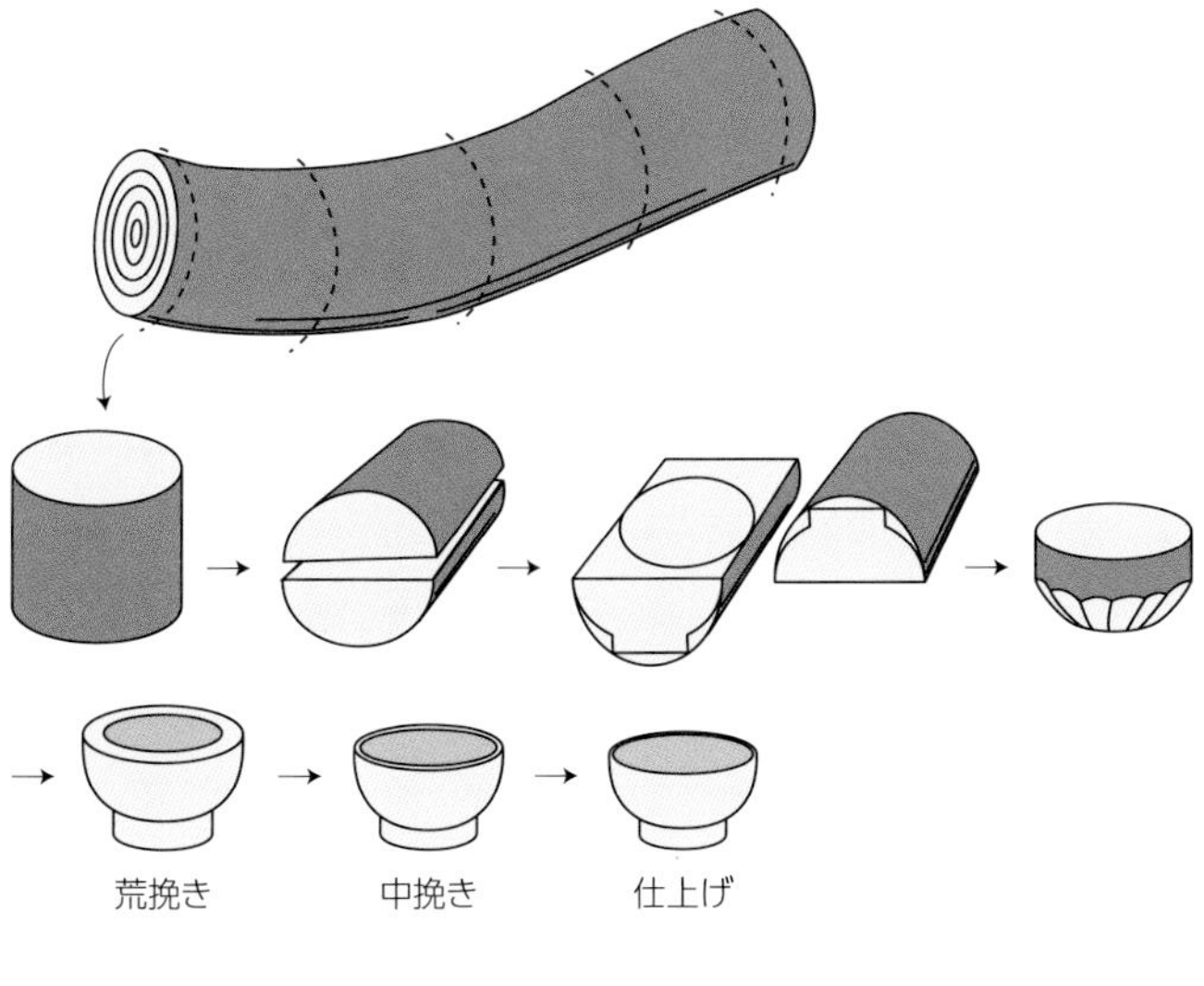

雑木の小径木と木工ろくろでさまざまな形状の器がつくれる

半割丸太工法によって、製材所で出た廃材やチップ材としてしか価値のなかった小径木の広葉樹が皿や椀に生まれ変わり、何十倍もの価値を生み出すことができるようになります。

クヌギの木を例にとって考えてみましょう。直径15㎝のクヌギを原木のまま出荷すると、せいぜい1600〜2000円くらいです。ところが、半割丸太工法と木工ろくろを使って食器などに加工すると、100倍以上の価値を付加することが可能になります。

半割丸太工法に欠かせない木材の乾燥

現代の住まいはエアコンが普及し、乾燥した室内で木製品が使われることが多いため、これに対応した木材の乾燥技術が求められています。木材の乾燥は、製造工程と同じくらい大切な工程です。

伐採された木は大量の水分を含んでいます。特に樹皮に近い辺材の部分は水分を多く含み、木の実質重量の2倍以上の水分を含んでいます。

半割にした丸太をそのまま放置しておくと、切り口に放射線状に亀裂が必ず入ります。これは温度・湿度の変化に伴って木材の含水率が変化するのが原因です。木材を加工し、製品になった状態でも含水率の増減は生じます。部材に膨張や収縮が生じ、結合部のゆるみ、接着層の剥離、段差、塗膜の亀裂、狂いなどの欠陥が生じます。

こうした木材の狂いを防ぐには、木材を8〜10％まで強制的に乾燥させた後、外気に数日間当てて養生させます。空気中からふたたび12〜13％の水分を

工芸用木材乾燥機

吸わせた材料でつくると、乾燥した室内で木製品が使われても狂いを最小限に抑えることができます。

木材の乾燥技術が進歩する前、木材の乾燥時間は「一寸（厚さ3cmの板）1年」「二寸（同6cmの板）2年」「三寸（同9cmの板）3年」という先人の言葉があり、最低でもその期間以上、乾燥させた木材でなければ使用してはならないとされていました。

現代ではコンピュータ制御による木材乾燥庫のおかげで、3cmの板を10日間ほどで完全に乾燥できるようになりました。しかし、コンピュータ制御の乾燥庫は、個人が導入するには大変高額で、個人で導入するのは現実的ではありません。

木材は乾燥を急ぐほど、設備が高度化し、維持費も増えます。しかし、「一寸1年」というように自然の摂理にまかせて乾燥させると、経費はほとんどかからずにすみます。したがって、山村クラフトに関しては高額な木材乾燥庫を購入する必要はありません。

除湿乾燥が最適、電子レンジの活用もおすすめ

木材の乾燥方法は、天然乾燥と人工乾燥に大別されます。天然乾燥は天日干しが一般的ですが、「水中貯木」という方法もあります。これは木を丸太のまま水に漬けておく原始的な方法で、水に漬けている間に、樹液と水が置換する性質を利用しています。木材中の樹液が少なくなれば、乾燥後の狂いが少なく安定します。設備は不要ですが、水に溶けた樹液が腐敗臭を発するので、こまめに水を取り替えるか、河川の貯木場が必要です。

一方、人工乾燥は次の8通りに分類されます。

①蒸気乾燥
②真空減圧乾燥
③高周波乾燥

④赤外線乾燥
⑤温風乾燥
⑥除湿乾燥
⑦燻煙乾燥
⑧電子レンジ乾燥

①の蒸気乾燥はコンピュータで管理され、最も安定した方法ですが、設備導入には、木材１m^3あたり１００万円以上の費用がかかります。

⑦の燻煙乾燥は、囲炉裏から立ち上がる煙に似せた燻し効果を人工的につくりだす方法です。削りくずや端材や薪などを燃料とするので、経費が少なくてすみますが、こちらも設備と管理に費用がかかります。

山村クラフトに適した人工乾燥の方法は、⑥の除湿乾燥です。約３ｍ四方の密閉空間に家庭用の除湿機を設置するだけで導入できます（90頁参照）。

⑧の電子レンジ乾燥も山村クラフトにおいては有用です。電子レンジは、木材の中心部分を発熱させ、内部から乾燥を促すことができます。

電子レンジで木材を乾燥させる際は、秒単位で慎重に温度を観察しながら木材が乾燥しすぎないように調整してください（３５０℃以上に加熱されると発火するので、十分に気をつけること）。過度に乾燥させすぎた場合は、材料を1日ほど外気にさらして、湿気を適度に吸い込ませるとよいでしょう。

電子レンジはリサイクルショップで中古品が安価に入手できます。容量が大きな中古の業務用電子レンジがおすすめです。

木工ろくろを活用した山村クラフト

山村クラフトに適した木工ろくろ加工

山村クラフトは、手づくりによって工業製品にない表情を持つ木工品を目ざすべきです。手づくりとはすべての加工を手作業で行なうという意味ではありません。機械のよさを生かしながら、材料を人の手で美しく加工し、機械加工の雰囲気を取り除き、人が手に持ったときに人のぬくもりが感じられるように〃感情〃で仕上げたものが手づくりです。

機械加工が6割だとしたら、残り4割を人の手で完成させる、6対4の割合を目安に機械を使いこなすと、品物に品格が生まれます。

少ない道具でさまざまな形の挽物を生み出す木工ろくろ（木工旋盤）は、山村クラフトに最も適した工作機械です。木工ろくろを使った加工には次のような利点があります。

①林業の現場で発生した小径木や曲がり材を食器に加工することで、付加価値が高い商品にできる。
②生木の段階で加工できるので、材料のロスが少ない。
③椀木地に木取りすると容積が小さくなり、保管場所を取らない。
④ろくろ加工と乾燥を交互に繰り返す作業のため、まとまった時間が取れなくても作業が継続できる。

木工ろくろを使って椀木地を加工する

ここでは木工ろくろ（木工旋盤）を使った椀づくりを例に、山村クラフトの工程を説明します。

椀づくりの工程は、木取り→荒挽き→荒乾燥→中挽き→仕上げ乾燥→木地仕上げ→塗装と進みます。

以下、各工程のおおまかな流れを説明します。

木工ろくろによる木地加工工程

1. 原木の選定	乾燥していない生の丸太。節の部分は使えない
2. 木取り	帯鋸で丸太を半割にし、椀の寸法を引く
3. 荒挽き	ろくろ機械により荒削りする
4. 荒乾燥	自然乾燥および除湿式乾燥により含水率15％まで乾燥する
5. 中挽き	ろくろ機械でさらに加工する
6. 仕上げ乾燥	含水率8％に乾燥後、外気にさらす。最終的には含水率10～12％にし、空気中の水分になじませる
7. 仕上げ加工	椀の指定サイズに従い、ろくろ機械で正確に仕上げる。最後は、サンドペーパーで仕上げる
8. 塗装	1～7までが木地仕上げで、その後は塗装工程が続く

木取り

①節の部分を避けるようにしてチェーンソーで丸太を輪切りにする。小径木から椀木地を木取りする場合は、生木のほうが楽に加工できる。
②輪切りにした丸太を帯鋸《おびのこ》で左右同じ寸法になるように、中心から半分にカットする。

③割面に椀の直径の円を描く。
④割面に書いた円に沿って、円柱形に帯鋸で切り、木取りをする。小皿など高さの低い食器の場合は、半分の厚みに半割材の背（樹皮）を落とす。

荒挽き（荒削り）

①円柱形に木取りした木材の割面をろくろに取り付け、椀の外形（樹皮側）の荒挽きを行なう。
②外形の荒挽きが終わったら、高台《こうだい》（椀の底の基台）にあたる部分をろくろに取り付け、椀の内形を荒挽きする。

荒挽きは材料の無駄な部分を取り除き、器の形に材を近づけ、乾燥を早めるために行ないます。荒挽きは木が乾燥する前のやわらかい状態で行なったほうが効率よく、水分が蒸発し、乾燥するにしたがって木材は収縮し、刃物当たりが硬くなってきます。

荒乾燥

①荒挽材（椀の外形、内形の荒削りが終わった材料）の側面（小口面）と高台と椀が接する部分に、割れ防止のための木工ボンドを塗る。
②荒挽材を約2週間、風の当たらない日陰で自然乾燥させる。
③自然乾燥させた荒挽材を除湿式乾燥室に2か月間入れる。乾燥室に入れて最初の1週間は、ひび割れが発生していないかどうか毎日確認する。

肉眼でひび割れを発見したら、その部分に木工ボンドを広めに塗り、割れの進行を止めるようにしてください。除湿室の湿度調節は、1週間ごとに50％、30％、20％、15％と段階的に下げていくと効果的です。乾燥期間は、樹種や乾燥室に入れる時点の木材の含水率によって異なるため、あらかじめテストを行ない、適切な乾燥期間（温度と湿度の組み合わせ）を把握しておきましょう。

木材水分計で荒挽材の含水率が15％に達したら乾燥は終了です。十分に乾燥した荒挽材は収縮して、

直径 15cm の小径木でも椀ができる半割工法

農文協出版案内
山とクラフトの本
2020.09

生活工芸双書　全９巻１０分冊

農文協
(一社)農山漁村文化協会
〒107-8668 東京都港区赤坂7-6-1
http://shop.ruralnet.or.jp/
TEL03-3585-1142 FAX03-3585-3668

日本の杉で小さなお家
セルフビルドの新工法

後藤雅浩著

978-4-540-07254-3

●1850円

丸ノコとインパクトドライバーだけで、不器用な素人でも女性でも気軽にできる、「間柱パレット工法」「ジョイント柱工法」を紹介。杉の間柱材を使い、プラモデル感覚でできるセルフビルドの入門書。

インパクトドライバー木工
木材・道具の基礎から家具づくりまで

大内正伸著

978-4-540-17110-9

●2500円

材料の性質・選び方からインパクトドライバーの基本テク、一緒に使いたいノコ・ノミ・カンナなどの手技のほか、規格材を用いてつくる木目やテクスチャーを活かした22作例までを紹介。国産材による初めての木工本。

山で暮らす愉しみと基本の技術

大内正伸著

978-4-540-08221-4

●2600円

木の伐採と造材、小屋づくり、石垣積みや水路の補修、囲炉裏の再生等山暮らしで必要な力仕事、技術の実際を詳細なカラーイラストと写真で紹介。本格移住、半移住を考える人、必読。山暮らしには技術がいる！

囲炉裏と薪火暮らしの本

正伸著

540-12162-3

●2600円

囲炉裏のつくり方、使い方から火鉢、七輪、行火、カマド、ロケットストーブ等の構造や使い方まで著者が知るでの薪火づかいのノウハウ、暮らしの中での薪火料理のコツをたっぷりのカラーイラストと写真で紹介。

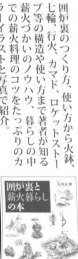

大内
978-4-5

木の家に住むことを勉強する本

「木の家」プロジェクト編 泰文館発行
978-4-540-00207-6
●1886円

長持ちして環境に優しく、健康にもよい「地元の木でつくった家」に住むための情報が満載。木造住宅の利点と上手な暮らし方、大工さんたちの仕事ぶり、建築例から各種情報入手先やセミナー、スクール情報まで。

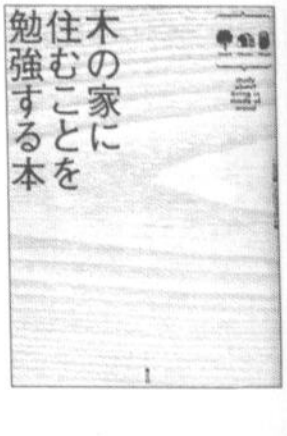

小さい林業で稼ぐコツ

軽トラとチェンソーがあればできる

農文協編
978-4-540-17158-1
●2000円

「山は儲からない」は思い込み。自分で切れば意外とお金になる。そのためのチェンソーの選び方から、安全な伐倒法、間伐の基本、造材・搬出の技、山の境界を探すコツ、補助金の使い方まで楽しく解説。

地域資源を活かす 生活工芸双書

全９巻10分冊

●揃本体30,000円 ●各巻本体3,000円
B5判並製　各巻136頁〜152頁
カラー口絵８頁　978-4-540-17112-3

かつては手づくりされていた日用品（生活雑貨）。その原料となった地域生物資源９種の植物としての特徴（原産地・来歴・形状など）、利用の歴史（当該素材を利用した各種生活工芸品とその歴史）、栽培方法（種子・苗の入手先など）、部位別の利用法（一次加工品／各種生活工芸品の製法など）索引、参考文献一覧。

1 苧（からむし）
2 萱（かや）
3 楮・三椏（こうぞ・みつまた）
4-1 漆（うるし）漆掻きと漆工 ウルシ利用
4-2 漆（うるし）植物特性と最新植栽技術
5 桐（きり）
6 竹（たけ）
7 大麻（あさ）
8 棉（わた）
9 藍（あい）

雑誌

★むら・まちづくり総合誌

季刊地域

全国の事例から地域づくりのための知恵をお届けします。担い手対策、空き家対策、地域おこし協力隊、多面的機能支払交付金活動、自伐林業など、タイムリーなテーマで毎回特集。

B5 判平均 150 頁 定価 943円 （税込）
年 4 冊 1,4,7,10 月発売 送料 120 円

≪季刊地域・バックナンバー≫

No.42（20年夏号） 雑木とスギの知られざる値打ち／自転車×農村の可能性
No.41（20年春号） 山に農地にむらに木を植える／追悼企画 中村哲さん
No.40（20年冬号） 気になる不在地主問題／進む再小農化
No.39（19年秋号） スマート農業を農家を減らす農業にしない
No.38（19年夏号） 水路・ため池・川　防災と恵み
No.37（19 年春号） ごみ処理は地方が一歩先を行く
No.36（19 年冬号） 小さいエネルギーで地域強靭化 太陽光・小水力・バイオガス・薪
No.35（18 年秋号） 転作・遊休地・山で小さく稼ぐ　農の手仕事
No.34（18 年夏号） 地域力がものを言う獣害対策
No.33（18 年春号） 継業　むらに必要な仕事　誰が、どう継ぐ？
No.32（18 年冬号） 山で稼ぐ！　小さい林業ここにあり
No.31（17 年秋号） 農産加工上手に稼ぐ、続けていく／種子を引き継ぐ

＊在庫僅少もあります。お早目にお求めください。

◎当会出版物は全国の書店でもお求めになれます。
直営書店「農文協・農業書センター」もご利用ください。
東京都千代田区神田神保町 2-15-2 第 1 冨士ビル 3 階
TEL03-6261-4760 FAX03-6261-4761
・地下鉄 神保町駅 A6 出口から徒歩 30 秒
・平日 10:00 ～ 19:00　土曜 11:00 ～ 17:00 日祝日休業

最終的には楕円形になります。この状態になれば、木材は半永久的に保存可能です。なお、スギやマツなどの針葉樹材は比較的乾燥が早く、３週間ほどで乾燥できます。

中挽き

①荒乾燥を終え、楕円形になった荒挽材を中挽きする。楕円形に変形した椀の内側の面をろくろに打ち込み、椀の外形（直径）を仕上げ寸よりも２㎜ほど大きくなるように削る。

　荒乾燥させた木材は内部に応力（中心には引っ張り応力、周辺部には圧縮応力）が生じている。中挽きはこれを取り除く大切な工程であることを理解したい。

②中挽きした椀の高台面をろくろに打ち込み、椀の内側は内径の仕上げ寸より２㎜ほど小さくなるように削る。

仕上げ乾燥

①中挽きした椀木地をふたたび乾燥させる。除湿機の目盛を湿度８％に設定し、約１週間乾燥させ、椀木地が完全に乾くのを待つ。

②仕上げ乾燥が終わった椀木地は、乾燥室から出し、湿度の少ない場所に2、3日間放置して外気に慣らす。仕上げ乾燥が終わった椀木地であっても部分的に乾燥ムラがあり、これをなくすために養生が必要である。含水率が８％まで乾燥した椀は、外気の水分を吸い込み、含水率10～12％に戻る。これで材料の仕込みは完了となる。

仕上げ加工

①仕上げ乾燥が終わった椀木地をろくろに取り付け、椀の外形を刃物（バイト）で削り出し、仕上げ刃物で指定寸法に正確に削り、逆目《さかめ》を完全になくす。

②＃１８０の高速用サンドペーパーで研磨し、型崩れを起こさないように整形（研磨）する。

③＃２４０の高速用サンドペーパーで研磨し、＃１８０の磨き跡を消す。

④＃３２０の高速用サンドペーパーで研磨し、＃２４０の磨き傷を消す。

⑤乾いた布で木地の表面についた木粉を払い、ろくろから取り外すと、椀の外形が完成する。

⑥椀木地の高台の部分を傷つけないようにろくろに取り付け、椀の内側を仕上げ加工する。外周から２㎜内側に墨線をつけ、その線まで正確に椀の内側を削る。さらに椀の縁にも丸みをつけて研磨す

る。
⑦椀木地の内側も同様に②〜⑥の加工を繰り返す。
⑧完成した椀木地と同じものを反復生産（量産）するために、厚さ3㎜の合板をくり抜き、木型をつくっておく。外側の形、内側の形、縁の形、高台の糸底の形と、それぞれに正確にとって、製作寸法と日付を書き入れておくとよい。

木地加工に必要な機械と工具

木工ろくろ加工に必要な工具や機械は、すでに手持ちの工具や代用できるものも多いので、必要なものを順次購入することをすすめたいと思います。

原木からの木取りに使う―帯鋸

原木からの木取りに使う。チェーンソーで鋸断《きょだん》するより正確に木取りができる。鋸幅70㎜が装着できると、小径木や曲がり材の木取り作業が容易になる。

形状をつくり出す―木工ろくろ

私の工房では、従来の木工ろくろの弱点を克服した「トキマツ式ろくろ」を使用している。電動モーターを動力とする真空吸着式で、従来のろく

木工ろくろの技術を習得することで雑木や廃木が自由に生かせる

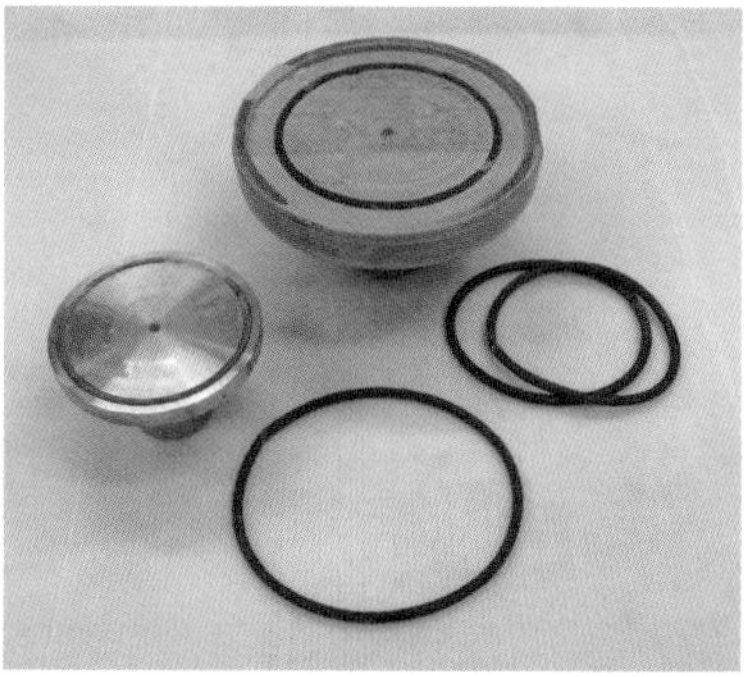

吸着フランジ、ゴムひも

ろくろ機械（トキマツ式）と作業板

木工ろくろ加工に必要な工具一覧

用途	No.	工具名	数
ろくろ加工技術に必要な基本工具	1	ろくろ機械*	1
	2	作業板	1
	3	吸着フランジ・200 mm径	1
	4	吸着フランジ・150 mm径	1
	5	吸着フランジ・100 mm径	1
	6	ゴムひも・5 m	1
	7	1.5分ノミ	1
	8	ろくろ鉋（高速度鋼）	3
	9	ろくろ仕上げ刃物（高速度鋼）	3
	10	くし形砥石＃1200	1
	11	平砥石＃1200	1
	12	コンパス大250 mm	1
	13	コンパス中200 mm	1
	14	コンパス小150 mm	1
	15	外パス大300 mm	1
	16	外パス中200 mm	1
	17	外パス小150 mm	1
	18	内パス大300 mm	1
	19	内パス中200 mm	1
	20	サンドペーパー（15 m）＃180	1
	21	サンドペーパー（15 m）＃240	1
	22	サンドペーパー（15 m）＃320	1
	23	指金	1
	24	小刃	1
	25	四つ目錐	1
	26	シナベニヤ3 mm	1
	27	ラワンベニヤ2.4 mm	1
	28	ペンチ	1
	29	平ヤスリ長さ250 mm・中目	1
	30	玄能1.3 kg	1
	31	帯鋸機械	1
	32	帯鋸替刃	3
	33	除湿乾燥機**	1

用途	No.	工具名	数
刃物鍛造技術に必要な基本工具	34	アンビル20 kg	1
	35	爪	1
	36	フオージ	1
	37	耐火レンガ	5
	38	ドライヤー	1
	39	玄能2 kg	1
	40	玄能0.3 kg、0.6 kg	1
	41	焼入油1.8 l	1
	42	グラインダー	1
	43	グリップ	1
	44	ドレッサーセット	1
	45	丸棒（柄材）長さ100 mm×径30 mm	3
	46	口金	3
	47	ドリル刃10 mm	1
	48	ドリル刃6 mm	1

注　＊新型で単相電力（家庭用）で使えるろくろ（55万円）もある。30～40 cmの盆もつくれる
＊＊なくてもできる方法もある

ろと違って、木地を固定する際に保持具を必要とせず、木地の脱着が容易にできるのが特徴。機器のサイズは、高さ108×幅110×奥行135cm。作業テーブルの高さは80cm。直径最大90cmの木地まで挽くことができる。

木地を固定する―ペンチ・平ヤスリ

真空吸着式ではない木工ろくろに木地を固定するには釘爪を使う。この釘爪づくりに必要な工具がペンチと平ヤスリである。

ろくろ鉋《かんな》や仕上げ刃物の鍛造方法

木工旋盤用の刃物は市販品が入手できるが、ろくろの刃物は市販されていない。刃物は高速度鋼（ハイスピードスチール。ハイスとも呼ばれる）を使って、自作することをすすめたい。切れ味のよい刃物があれば、材料の違いはあまり意識しなくてよくなる。鍛造手順を図に示したので、まず全体の流れを確認してほしい。

ろくろ鉋（高速度鋼第2種）の鍛造は写真（96頁参照）にある金敷《かなしき》（金床《かなどこ》）で行なう。鋼材《はがね》は超高速鋼（ハイス）が鍛造できる。

炭素工具鋼の鍛造温度は850℃、超高速度鋼の

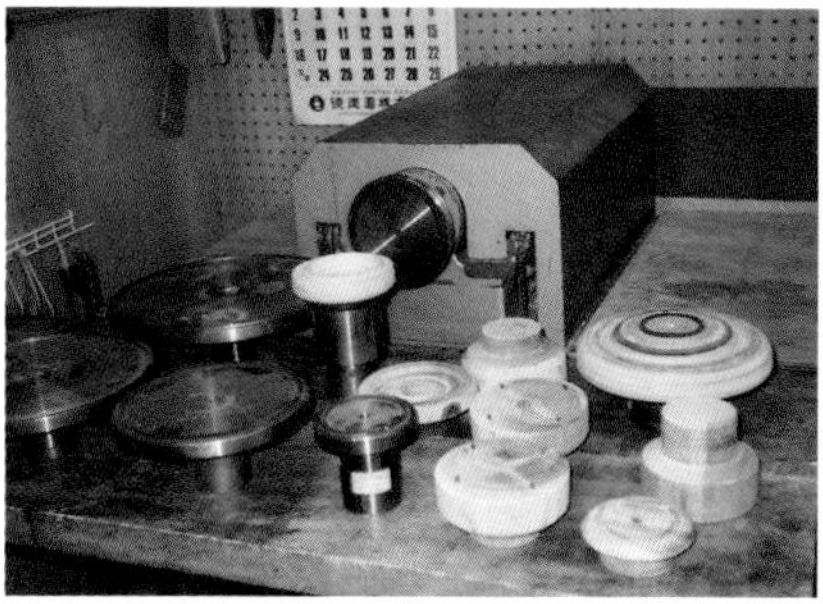

吸着フランジと保持具

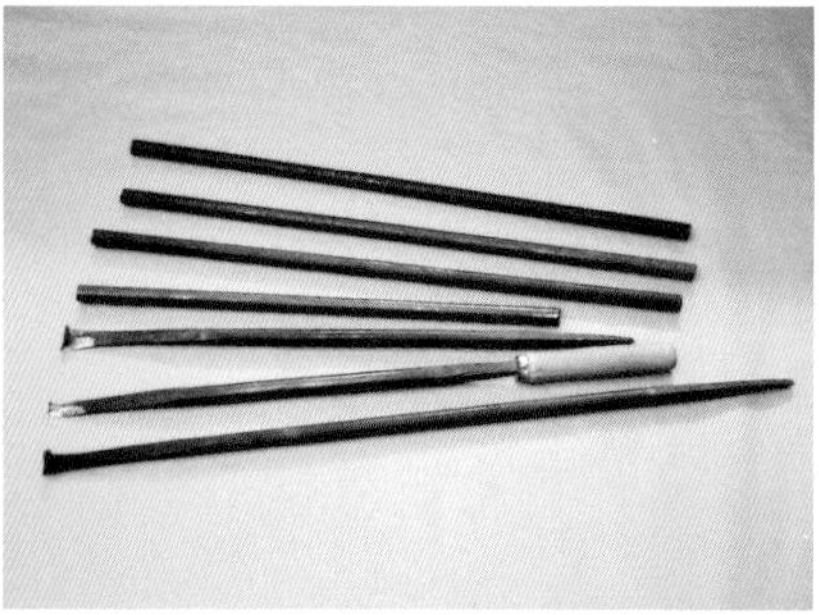

ろくろ鉋

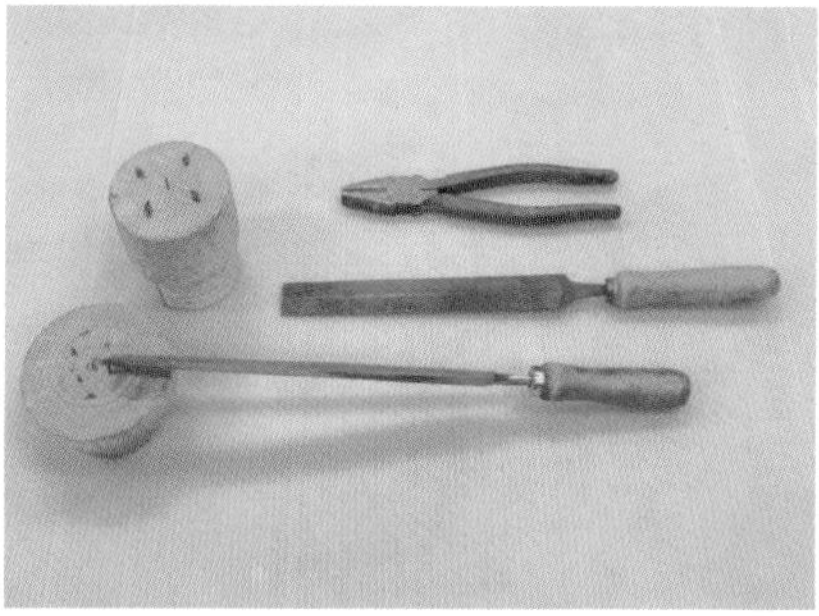

ペンチ、平ヤスリ

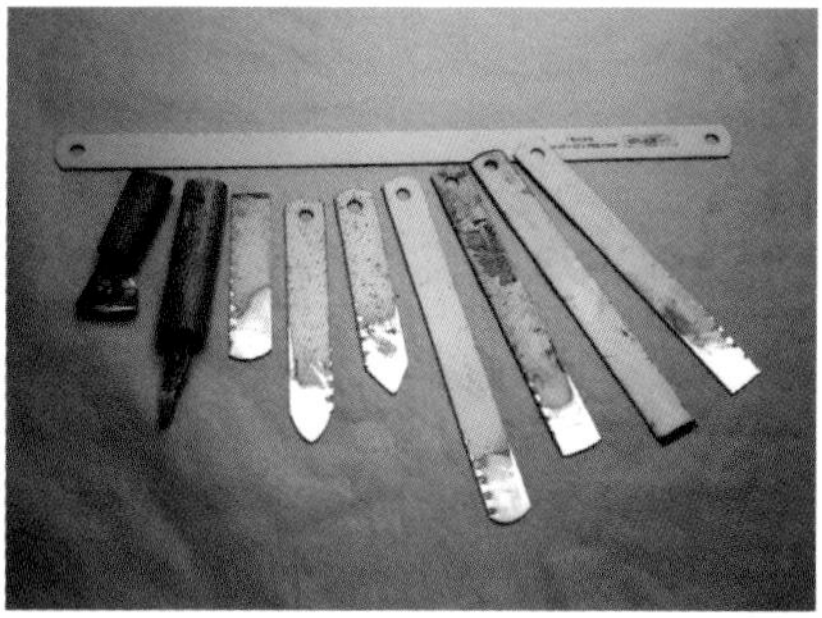

ろくろ仕上げ刃物

鍛造温度は1000℃。ただし、1100℃をこえると鉄が溶けて刃物としての特性を失う。温度は火色で判断する。

鉄工用の金属切断用鋸は硬度と弾性が高いので、ろくろ加工では仕上げ刃物に用いる。長さ420mm、幅25mmの金属用鋸を半分、または3分の1に切り、鋸の刃と長さ方向の先端をグラインダーですり落として刃をつける。刃の形状は加工する器の形状に合わせて常にグラインダーで形を変える。

【ろくろ鉋の鍛造に使う—金敷（アンビル）と爪】

金敷（金床あるいはアンビルともいう）はろくろ鉋（高速度鋼第2種）を鍛造する際に使用する。上面が鋼張りになっているものを選ぶ。上面に鋼が張っていないものは安価だが、金床の上面がやわらかすぎて高速度

木工ろくろ鉋鍛造手順

炭素工具鋼の鍛造温度は 850℃
高速度鋼（ハイス）の鍛造温度は 1000℃
1100℃をこえると鉄が溶けて刃物としての特性を失う。温度は火色で体得する

ろくろ鉋の刃を横から見た図。③が理想的。①のように先端ａがゆるくカーブしているのは不適。また、②のように鋭角になっているのも不適。③のようにａがきちんと折れていることで生地に「点」として当てることができる。また刃先ｂの部分もきちんと直線になっていること。直線にすると刃全体で大きな木地面を削ることができる

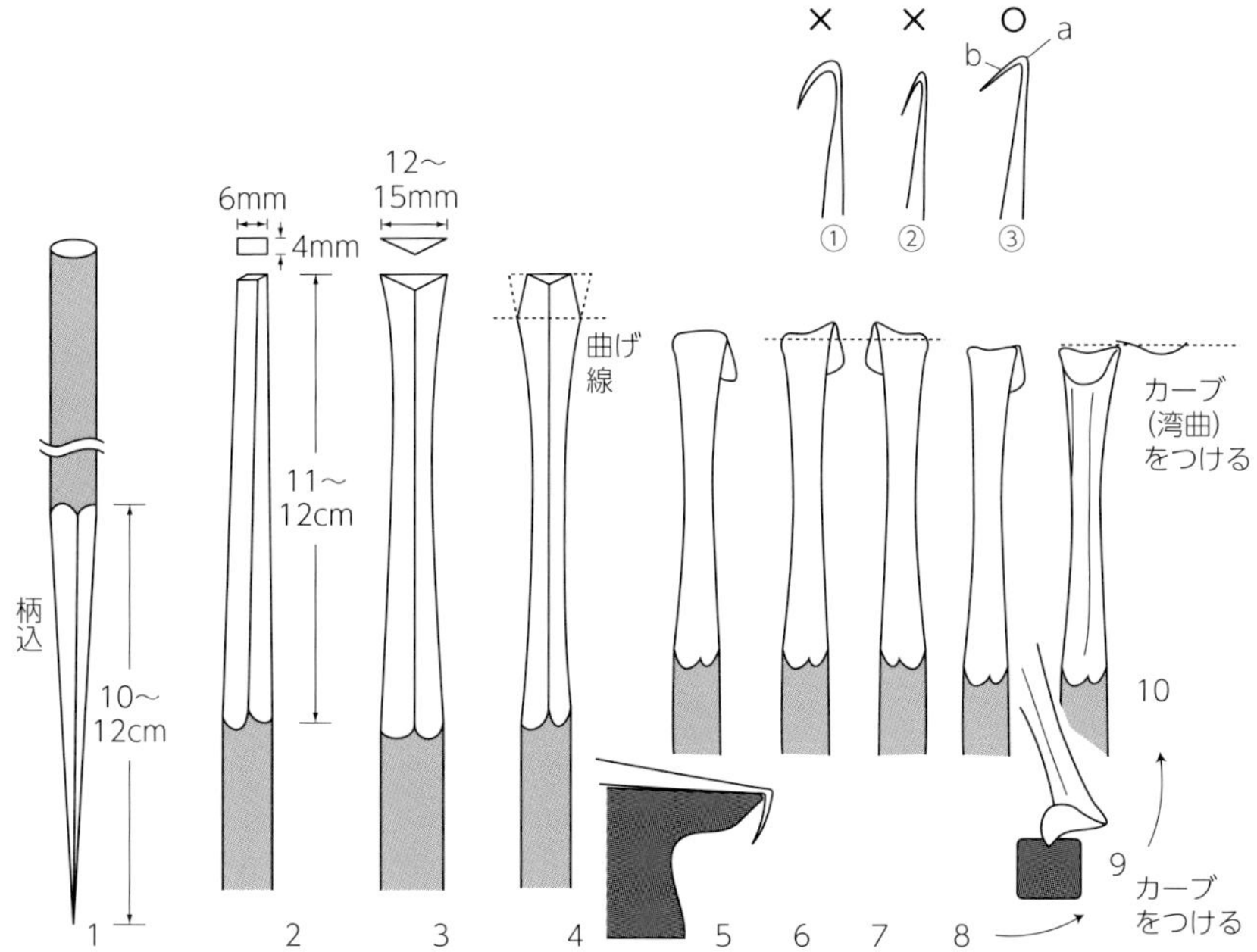

鋼の鍛錬には向かない。爪は金敷の鋼面の穴に立て、鍛造で刃先を曲げる受け台として使う。

鍛造に使う玄能の重量は2kg、1・3kg、0・6kg、0・3kgの4種類を準備する。焼入油《やきいれゆ》（金属に焼入れや焼き戻しをするときに使う鉱油）は植物性の菜種油をおすすめしたい。

【ろくろ鉋の鍛造炉（フォージ）】

ろくろ鉋の鍛造には鋼材を高温で熱するためにフイゴと炉が必要となる。鍛造炉は廃棄された自動車のホイールを再利用するとよい。

つくり方は簡単。車のホイールを裏返したその底の部分に砂を流し込み、耐火レンガで四方を囲んで炉をつくる。炉の側面に金属のパイプを差し込み、ドライヤーで内部の木炭に風を送れるようにする。

この炉は組み立てと移動が簡単にでき、材料も安価。それでいて、高速度鋼（ハイス）の焼成温度（1100℃）まで十分対応できる。

【ろくろ鉋の刃の差し込み穴をつくる―ドリル刃】

ドリル刃は、ろくろ鉋の柄に刃を差し込むための穴をあける際に使用する。手順は、ろくろの柄の刃を差し込む部分に直径6mmの穴を120mmの深さにあける。次に直径10mmの穴を、50mmの深さにあける。穴の内部を2段とすることで、刃が固定され、抜け

金敷（金床）と爪

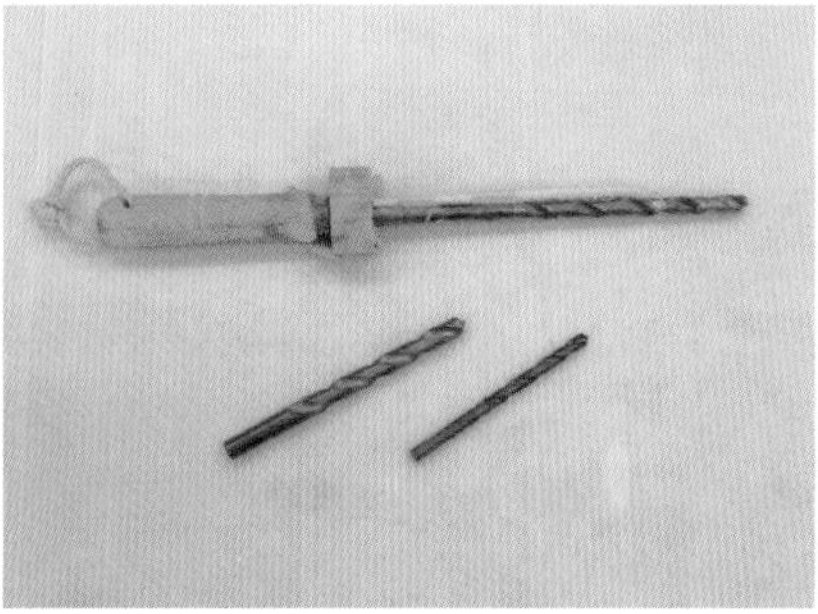

ドリル刃

自動車のホイールを利用したフォージ、耐火レンガ、ドライヤー

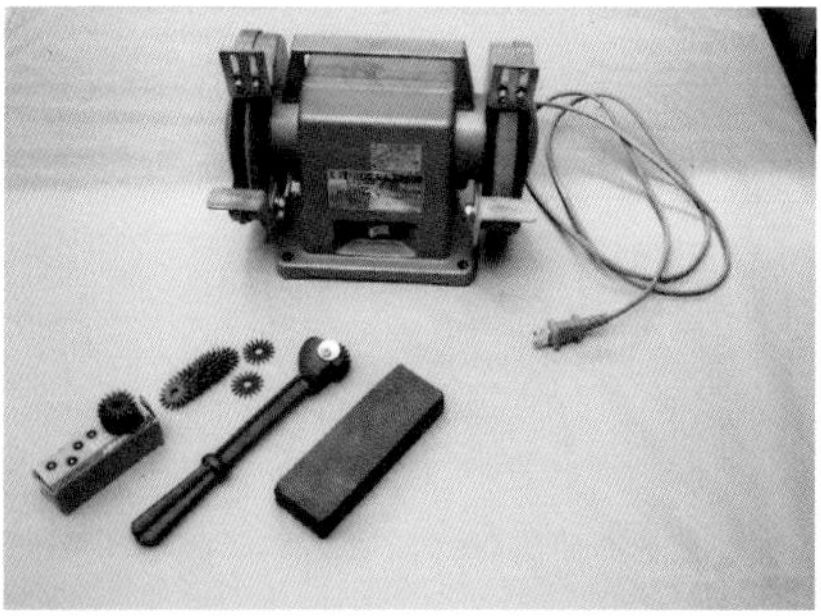

グラインダー、グリップ、ドレッサーセット

ないようになる。

【刃物の研磨に重要なグラインダーの目立てに使う工具類】

ドレッサーは、グリップで整形したグラインダーの刃の表面をたたいて目立てをする重要な工具。グラインダーの刃の目立てが完全でなければ、研磨する刃物の刃先が焼けて切れ味を損傷することにつながる。

【鉋や刃物を研ぐ―砥石類】

くし型砥石は自作したろくろ鉋の刃を研ぐ道具。砥石の断面がくし形になっている。平砥石はろくろ仕上げ刃物を研ぐための道具である。

加工しながら内・外径を測る―外パス・内パス

ろくろ加工の製作工程で、外径の寸法を測定する器具が外パスである。内径を測定する器具は内パスという。

形状の確認に使う―シナベニヤ

食器を正確に反復生産（量産）するために、シナベニヤを使って型（製作の際に、型を当て形状を確認する）をつくることをおすすめしたい。デザインの略図、主要サイズ、デザインした日付などを書き込んでおくと、製品開発の記録にもなる。

仕上げの研磨に使う―サンドペーパー

ろくろ加工の最終工程の木地研磨はサンドペーパー（一巻15ｍ）で行なう。サンドペーパーは高速回転の摩耗に耐え、磨き筋が残らず、木目にペー

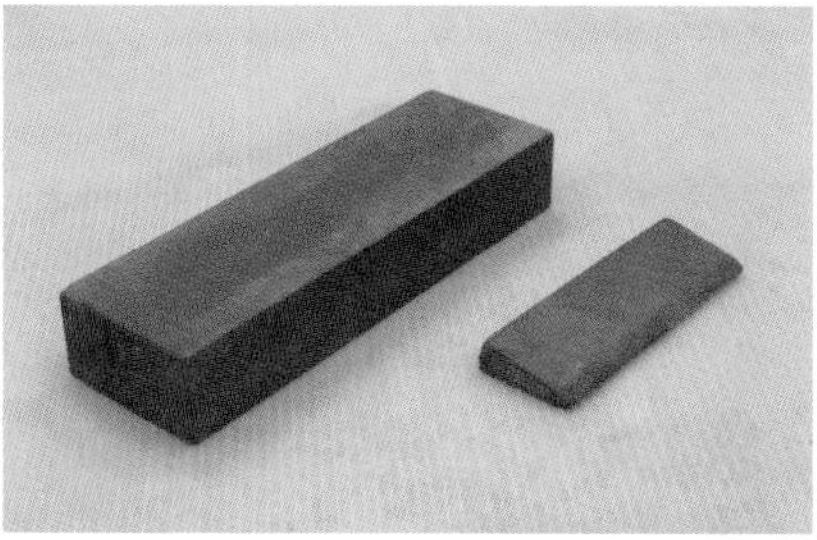

くし型砥石、平砥石

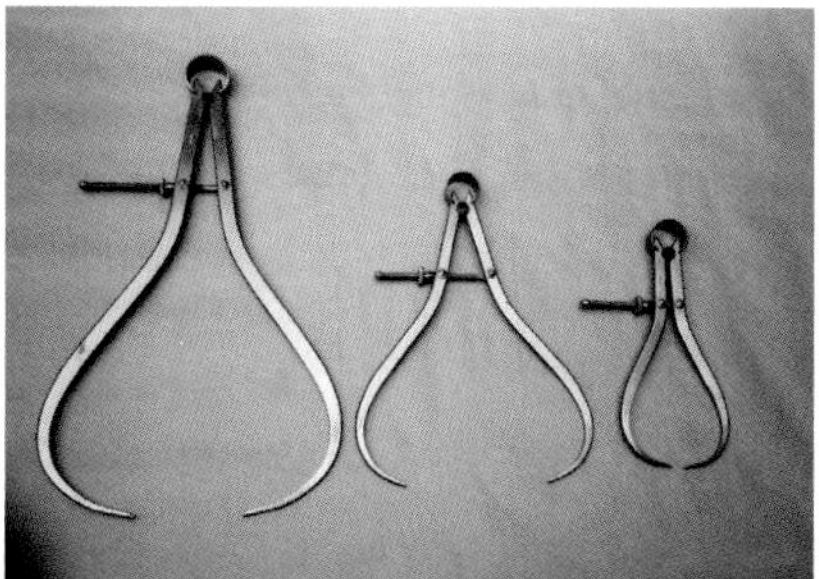

外パス

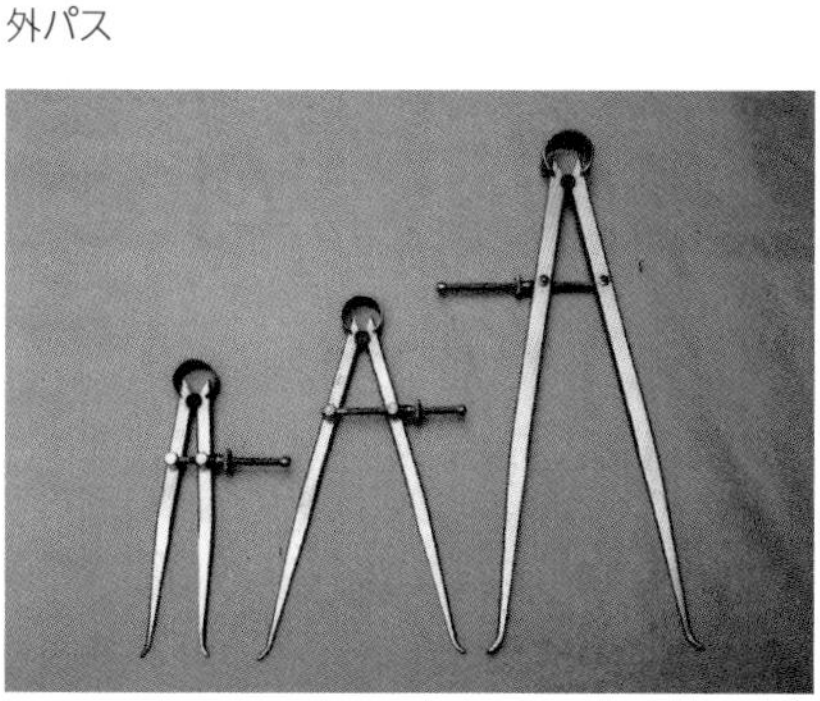

内パス

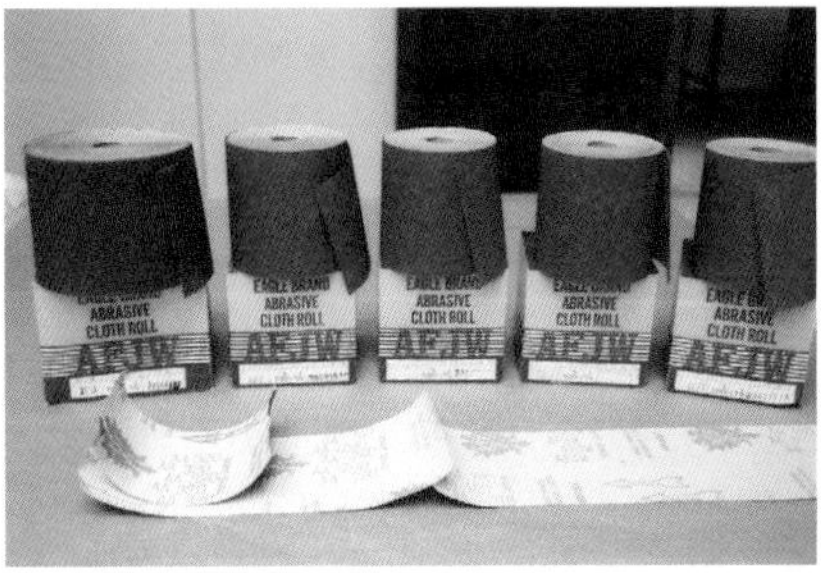

サンドペーパー左から＃ 100、＃ 180、＃ 220、＃ 320、＃ 400

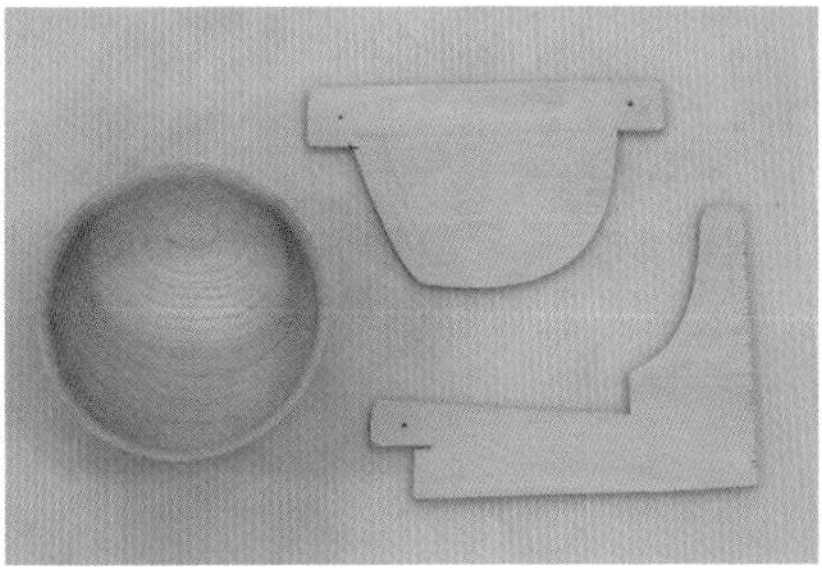

シナベニヤでつくった型

ベルトサンダー、粉塵よけ

ベルトサンダーのスタンドは当面は木製でよい。6cm の角材にボルトで締めつけて角材に固定し、立てて使う。斜めに支柱を入れて支えるとよい。
サンドペーパーは＃ 40、＃ 100、＃ 150 を使用する

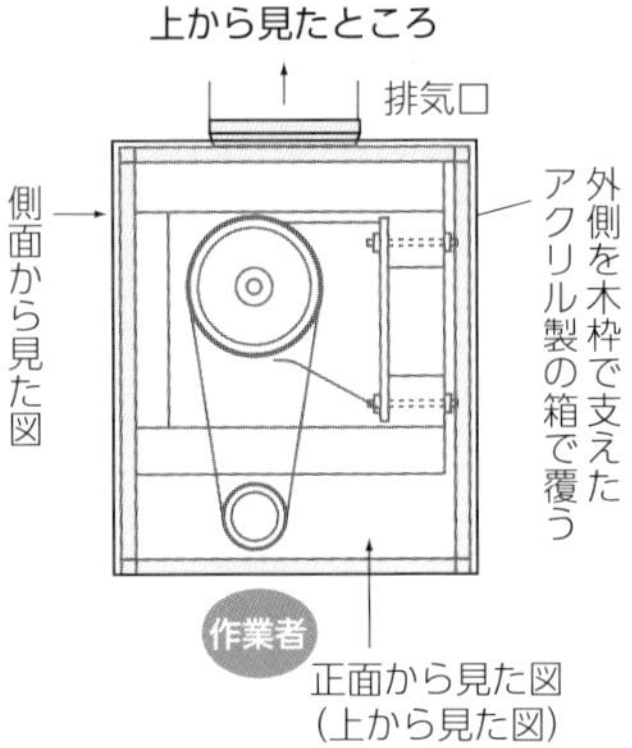

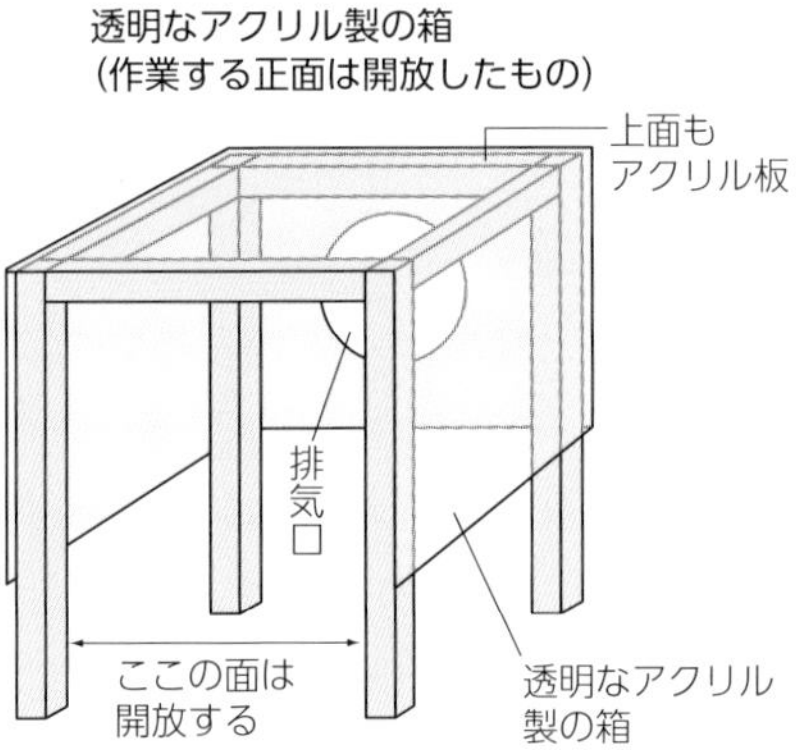

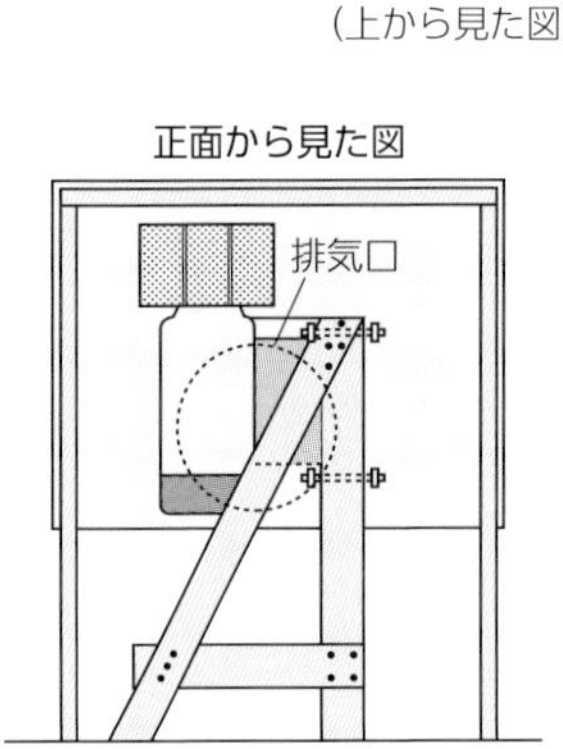

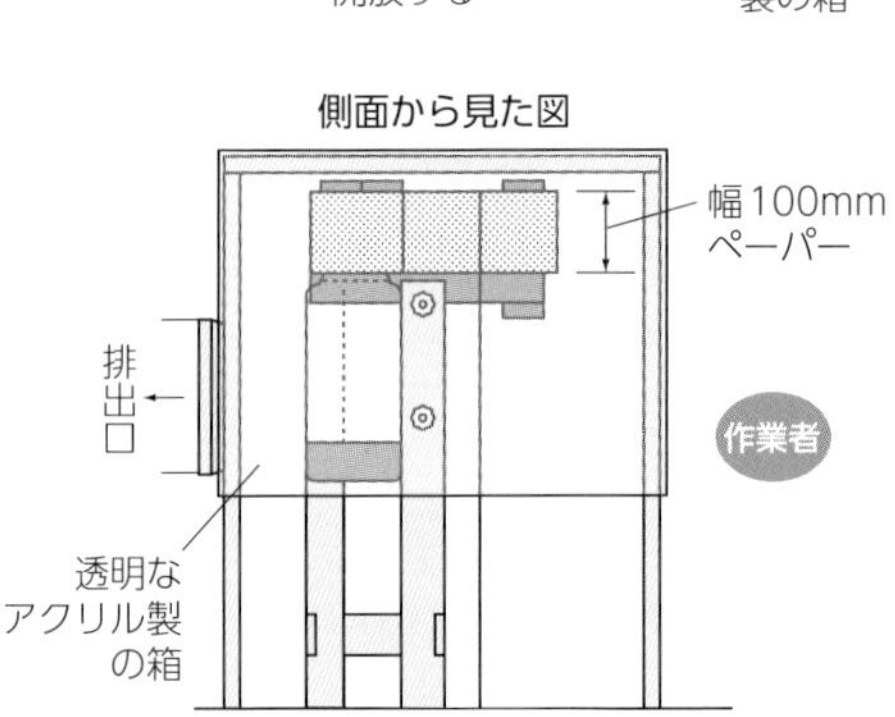

サンドペーパーをかけると大量の粉塵が発生するため、透明なアクリル製の箱でベルトサンダー装置を上から覆うようにし、側面に排気装置をつけて粉塵を排出する

パー粉が残らないものを選ぶようにする。＃１８０は形状を整えるのに使う。＃２４０は＃１８０で研いだ跡の磨き後を消すのに使う。＃３２０は＃２４０の磨き後を消すのに使う。ロール状のサンドペーパーを使用する場合は、10cm前後の適当な長さに切って使用する。

【木地研磨に使うベルトサンダー
—箸・スプーン加工にも】

山村クラフトで最も活躍する工作機械はベルトサンダーである。ベルトサンダーがあれば、箸、しゃもじ、スプーン、ヘラ、まな板などをつくることができる。

大変便利な道具ですが、粉塵が大量に出るので、機械の回りに覆いを設けて粉塵が拡散しないようにする。機械の上面に透明のビニールかアクリル板をのせると粉塵の飛散を防ぐことができる。

木工具の安全基準と取り扱い

木工具は、つくり手の可能性を広げてくれる道具で、基本的な使い方をマスターし、工夫しながら使えるようになると、大変楽しいものです。その一方で、使い方を誤れば、大けがのもとになります。

工作機械の操作方法は、安全基準が法律で定められています。各都道府県で開催されている「木材加工用機械作業主任者技能講習会」を受講することをおすすめします。ひと通り扱い方を学んだら、先輩の手ほどきを受け、取り扱いがやさしい機械から使ってみましょう。

手作業で刃物を使うときは、手袋を着用すると指先のけがを防げますが、刃先が回転する工作機械を使用する場合は、手袋は絶対に着用しないでください。指先の神経が危険を察知するより早く、手袋の繊維が機械刃物に巻き込まれて大けがする可能性があります。

手工具であっても機械であっても、刃物は常に摩耗します。刃先を常に良好な状態に保つために刃物の研ぎ方を日常的に習練するとともに、身の回りの整理整頓、清掃を徹底することも作業の安全を確保するためにとても大切です。

山村クラフトの強い味方「プレポリマー」

プレポリマー（産業用木固め剤）のすぐれた特徴
―木材の水分管理を容易に

木材は表面が多孔質になっていて、空気中の水分に敏感に反応します。水分を吸収すると膨張し、乾燥すると収縮します。

こうした木材の〝狂い〟を防ぐために開発されたのが、産業用木固め剤、プレポリマーシリーズです。

一般のポリウレタン塗料は木材の表面に塗膜を形成しますが、プレポリマーは塗膜をつくらず、木質の細胞膜と導管の中まで浸透し、内部で硬化します。

導管の内壁を樹脂で覆うことで、水分の吸収を少なくし、狂いを防ぐ効果があります。導管内を完全にふさぐわけではないので、木材特有の材質感が損なわれにくいのが特徴です。無色透明なので、塗装しても木目が失われません。

そもそもは古い寺社仏閣などの文化財（木造建造物）の腐朽部分の補修のために文化庁の依頼を受けて開発された特殊なポリウレタン塗料がベースになっています。これを木製食器用の塗料として発展させたのが、プレポリマーです。

学校給食用の食器は洗浄後、85℃の熱風で、30分以上殺菌消毒（文部科学省・食器洗浄消毒マニュアル）しなければならないという規定があります。プレポリマー（産業用木固め剤）は、木製の食器が高温にさらされても割れたり、反ったりしないように設計されていて、学校給食用の食器洗浄消毒の基準をクリアしています。このプレポリマーには３つの特徴があります。

【木材軟質の強化】

食器加工には適さないとされてきた針葉樹（スギ、マツ、エゾマツ、カラマツ、モミなど）、サワグルミのような広葉樹の軟材も、木材の弾力性を消さない程度に表面の強度を補強できるので、加工の幅が広がる。

【耐水性】

プレポリマーで木固め加工をすると、木材繊維の断面（内壁や導管内壁）が補強される。耐水性が備わるだけでなく、木材の狂いが抑えられるため、上塗りした後に塗膜が剥離しにくい。その結果、汁椀やスープボウル、マグカップなど、耐水性が求められる食器も、日常的に使うことが可能となった。

【対摩耗性】

ポリウレタン塗料は一度硬化すると、物性が安定し、熱やアルコール、酸にも強くなる。プレポリマーを使用した学校給食器は、温風乾燥を繰り返してもほとんど変形せずに長期間使用されている。

プレポリマーの塗装方法

プレポリマーシリーズ（産業用木固め剤）のうち、山村クラフトの木製品でよく用いるのは、№１０００の銘柄です。ここでは、汁椀の塗装を例として、プレポリマーＰＳ №１０００を用いた木固め加工の方法を説明します。

【木地調整】

美しい塗膜に仕上がるように、サンドペーパーで椀木地の表面の鉋目や逆目などの凹凸を取り去って、完全に平らな面をつくり出す。これを「木地調整」という。

【塗装の準備・木固め】

塗装の手順は次の通りである。

①大きめのステンレスボウルと紙皿を用意する。

②「プレポリマーＰＳ №１０００」を20ｇ、「ＰＳ－ＮＹシンナー」40ｇをそれぞれ紙コップにとりわけ、ボウルの中で十分に撹拌する。プレポリマーの缶の蓋は、必要量を取り出した後は直ちに閉める（室内の湿気によって硬化がすぐに始まるため）。

③目止め剤を20ｇ、目止め剤用の硬化剤５ｇを紙

プレポリマー PS No.1000 利用と基本的塗装工程

順番	工程	塗料など
1	木地調整	サンドペーパー
2	木固め	プレポリマー PS No. 1000、専用シンナー PS-NY は工程共通使用する
3	目止め	エステロンカスタム目止め用（クリヤー）
4	空研ぎ	サンドペーパー# 400
5	中塗り１回	エステロンカスタム DX クリヤー
6	中塗り２回	エステロンカスタム DX クリヤー
7	中塗り３回	エステロンカスタム DX クリヤー
8	水研ぎ	耐水ペーパー# 800
9	上塗り	エステロンカスタム DX 7 分消クリヤー
10	乾燥・臭い抜き	38℃乾燥庫

皿にとりわけ、よく混ぜる。

④椀木地をボウルの中のプレポリマーに浸し、回転させながら塗料を椀全体にしみ込ませる。その際、ウエス（10㎝四方に切った木綿の布）を使って塗布すると効率がよい。

【目止め剤の塗装】

①ボウルから椀木地を取り出し、段ボールの上に置き、すぐに目止め剤をウエスにつけ、全体に手早くすり込む。その後、60秒以内に椀木地の表面についた余分な塗料を別のウエスで素早く拭き取る。その際、拭き跡やホコリが残らないように、常に一方向に拭く。

②塗装した器を風通しのよい場所で、24時間以上乾かす。椀木地を乾燥させる際は、高台の下に割箸を1本入れ、接地面を減らす。30分程経過したら塗布面を観察し、塗料の吹き戻しがあれば、ウエスで軽く拭きのばす。

※ケヤキなどの導管の大きな樹種でつくった木地は、木固めと目止めの効果を高めるために表中の手順2、3の工程を繰り返すと効果的である。

【空研ぎ】

風通しのよい場所で24時間以上乾燥させたら、5㎝角にカットした＃400のサンドペーパーで器の表面を研磨し、塗装ムラや細かい気泡やゴミを取り除く。作業後は圧縮空気をスプレーして、微細な粉末を吹き飛ばす。

【中塗り】

①2液型のポリウレタン塗料（カスタムＤＸクリヤー）の主剤を30ｇ、硬化剤を15ｇ、紙コップにとりわけ、さらに専用シンナー45ｇを加え、よくかき混ぜる。

②ガンカップ（スプレーガンのタンク）にブレンドした塗料を注ぐ。12㎝角にカットした濾紙《ろし》（美濃和紙）をガンカップにのせ、塗料調合時に混入したゴミを漉し取りながら注ぎ込むようにする。

③スプレーガンで器の外側にたっぷりムラにならないように噴霧する。20分の間隔をあけ、3回重ね塗りする。

④約4時間乾燥させ塗膜が十分に硬化したことを確認したら、椀の内側に3回、スプレーガンで塗料を塗り重ねる。約8時間乾燥させ塗膜が十分硬化したことを確認する。

【水研ぎ】

＃800の耐水サンドペーパーで水研ぎし、塗膜についた微細なゴミや気泡、塗りムラを取り除く。

作業が終わったら、全体を水洗いして、きれいな布で水気を拭き取る。

【上塗り】

①2液型のツヤ消しポリウレタン塗料（エステロンカスタムDX7分消クリヤー）の主剤を20g、硬化剤を10g、PS−NYシンナーを30g、紙コップに注ぎ、よくかき混ぜる。

②スプレーガンの塗料カップにブレンドした塗料を注ぐ。12cm角にカットした濾紙（美濃和紙）をガンカップにのせ、調合時に混入した微細なゴミを漉し取りながら塗料を注ぐ。

③スプレーガンで椀の外側に1回だけたっぷりと塗料を噴霧し、20分ほどしたら、ツヤの状態を確認する。ツヤをもっと増やしたい場合は、クリヤー塗料を加える。ツヤを落としたい場合はツヤ消し塗料を加える。

④風通しのよいところで4時間乾燥させる。塗膜が硬化したことを確認できたら、椀の内側も塗装する。8時間乾燥させたら塗装は完了。

※塗装作業は素手で行なってはならない。必ず耐溶剤手袋を装着し、防毒マスクをして行なうこと。

【シンナー臭軽減対策】

塗装後の食器はシンナー臭が残っている場合がまれにあるので、すぐに出荷せず、1週間ほど風通しのよい場所で養生させる。乾燥庫があれば、38℃の温度で6時間加温し、塗料の臭いを強制的に取り除く。

以上の10工程が塗装の基本的技法です。プレポリマーは、一般的なポリウレタン塗料に比べるとやや割高ですが、私の工房や指導先では30年以上使っており、性能はお墨付きです。

塗装技術に必要な基本工具および塗料

No.	工具名および塗料名	数量
1	エアコンプレッサー 0.75kW	1
2	トランスフォーマー RRA	1
3	スプレーガン 10E-SG	1
4	ガンカップ PS-4	1
5	計量器 100g	1
6	ポリカップ	3
7	ポリボウル	2
8	洗浄刷毛	2
9	プレポリマー# 1000	4kg
10	目止め剤（クリヤー）	1kg
11	エステロンカスタム DX クリヤー	3kg
12	エステロンカスタムDX7 分消クリヤー	2kg
13	PS-NY シンナー 16ℓ入	1
14	耐溶剤手袋	2
15	濾紙	10 枚
16	耐水ペーパー# 800 か# 1000	5
17	塗装回転台	1
18	換気扇	1
19	電気工事・エアー配管一式	1

エアーコンプレッサーとトランスフォーマーのセッティング

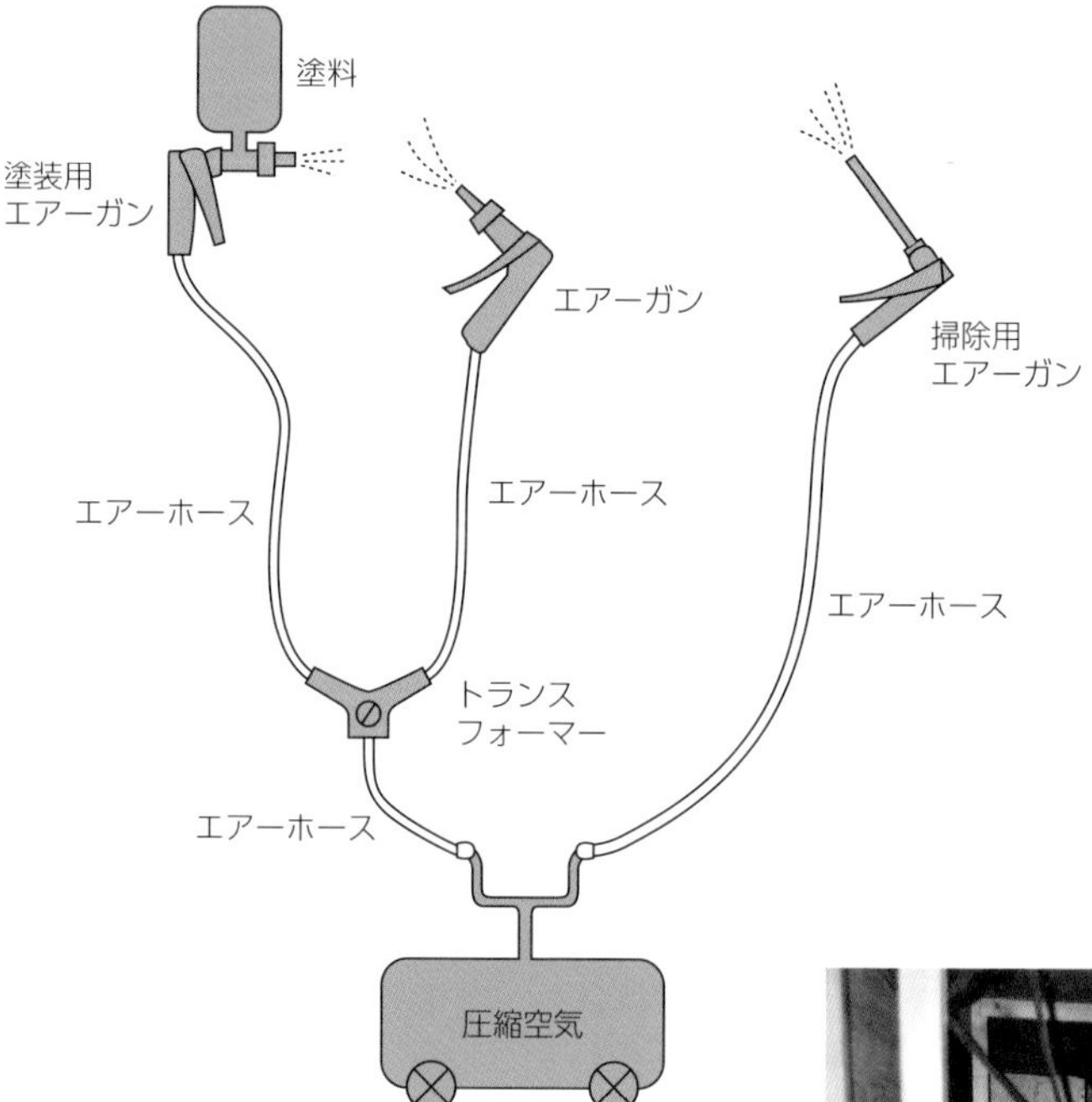

エアーコンプレッサー

スプレーガンとスプレーガンの塗料カップ

トランスフォーマー

プレポリマー PS No.1000

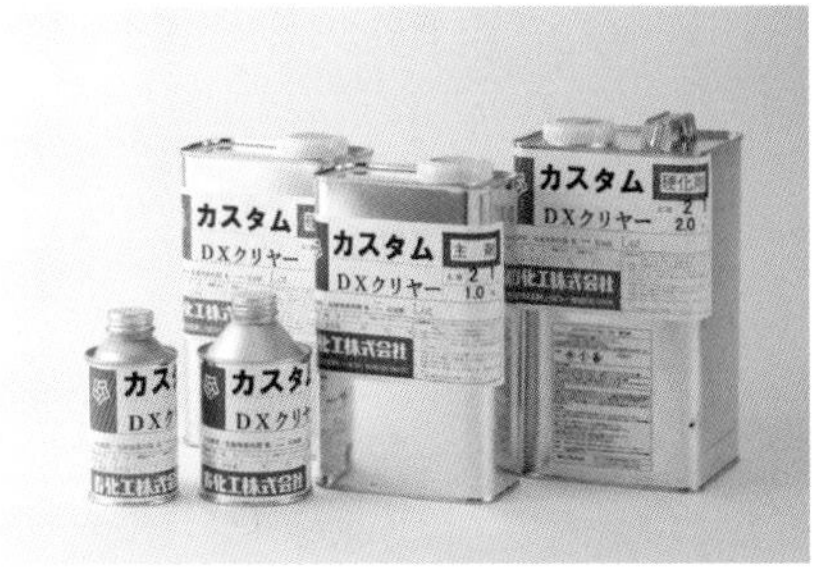

エステロンカスタム DX クリヤー

エステロンカスタム目止め剤（クリヤー）

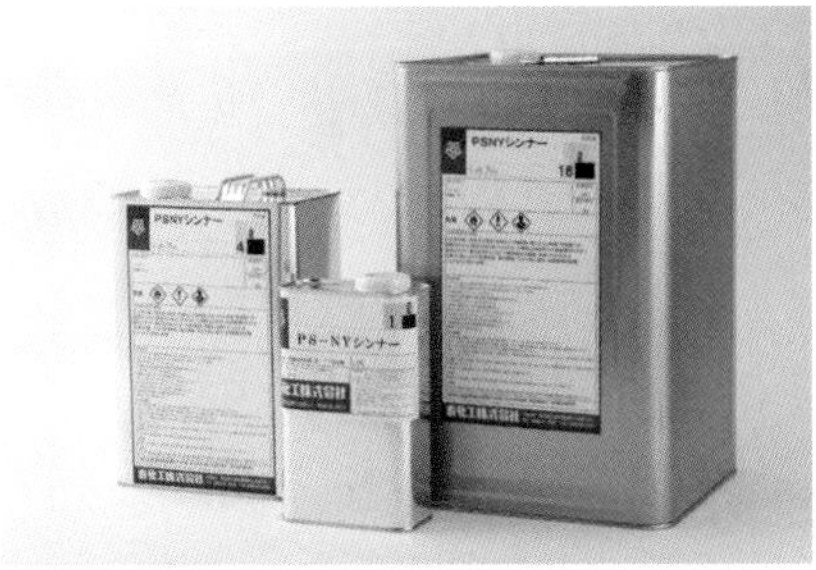

PS-NY シンナー

塗装回転台

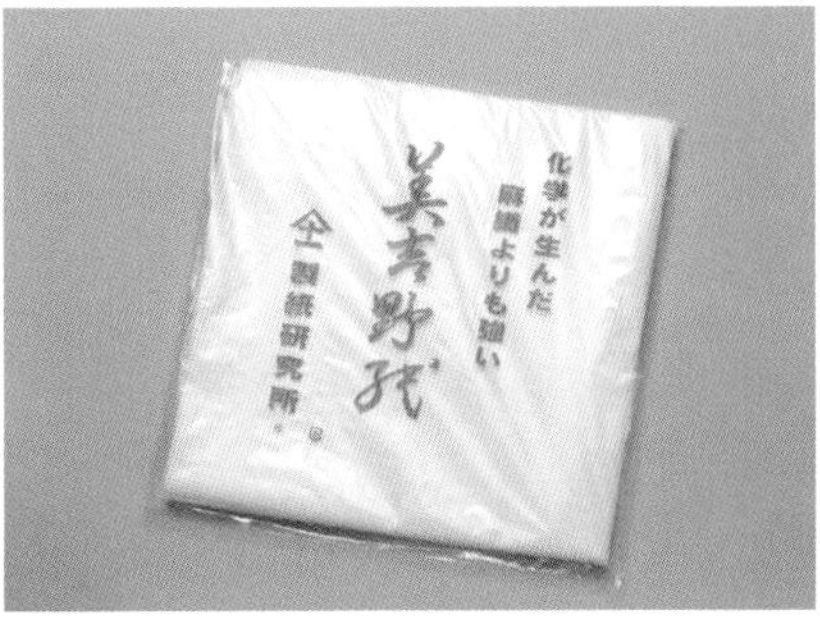

濾紙

安全安心な食器製作

木工塗料を安全に使うために
―安全基準と取り扱い法

木工塗料に含まれる有機溶剤は揮発性が高く、大量に吸い込むと健康を害する恐れがあります。このため塗装作業は換気のよい部屋で行ない、防毒マスクを装着するようにしてください。

業務として定期的に塗装を行なう場合は、各都道府県が定期的に開催する「有機溶剤作業主任者技能講習会」を受講することをおすすめします。また、1回の塗料使用量が60gをこえる場合は、塗料環境の安全調査を年2回専門の調査機関から受けなければなりません。一度に保管できる保有量と保管場所も指定され、使用者の健康管理が法的に定められています。

作業者の顔に合う密着性のよい面体のマスク選定

マスクを装着し吸入したときに、面体内が陰圧（マイナス圧）となり、顔面に密着する。密着性が悪いマスクでは、吸入したときに陰圧とならず面体との隙間から有機溶剤蒸気が侵入し作業者は蒸気を吸い込んでしまう

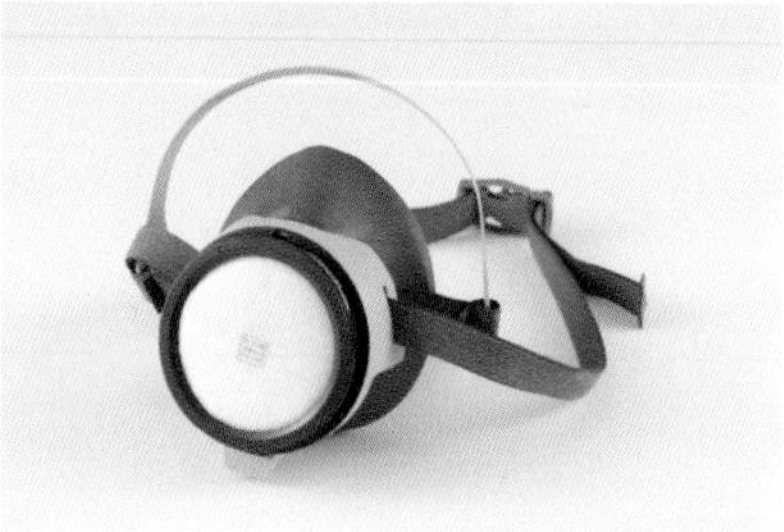

マスク

陰圧法による漏れチェック

吸気口を手でふさぎ、顔面にマスクを押しつけて息を吸い、苦しくなれば空気の漏れ込みがないことになる。マスクを押しつける際に面体をつぶさないように、反対の手でマスクを保護する

フィットチェッカーによる漏れのチェック

吸気口にフィットチェッカー（防毒マスクメーカーがオプションで販売している、気密テスト用の部分）を取り付けて息を吸う。瞬間的に吸うのではなく、2～3秒の時間をかけてゆっくりと息を吸い、苦しくなれば、空気の漏れ込みがない証

3種類のフード型式の排気装置

局所排気を効果的に行なうためには、発散源の形、大きさ、作業の状況に合った形と大きさのフードを使う。局所排気装置のフードには、外形と機能により、囲い式、外付け式、レシーバ式の3つの型式がある

換気口写真

囲い式

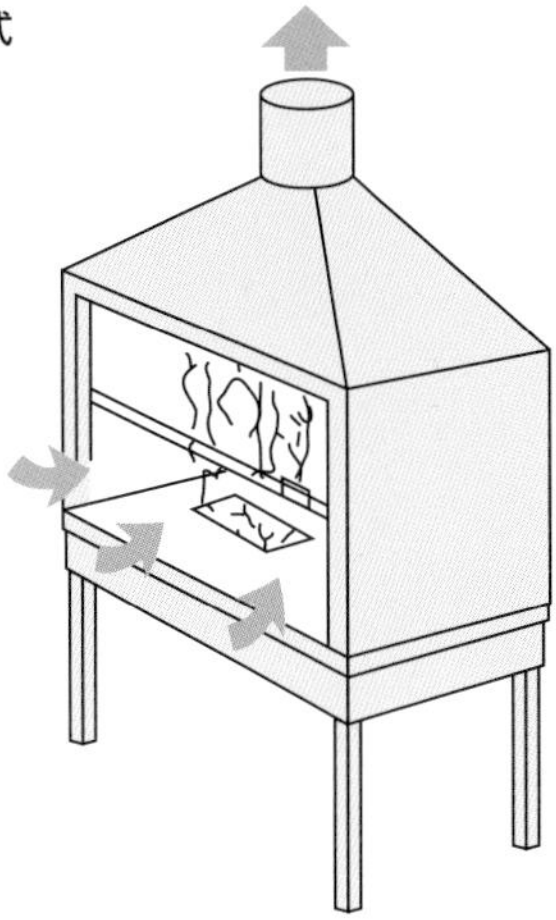

外付けフード

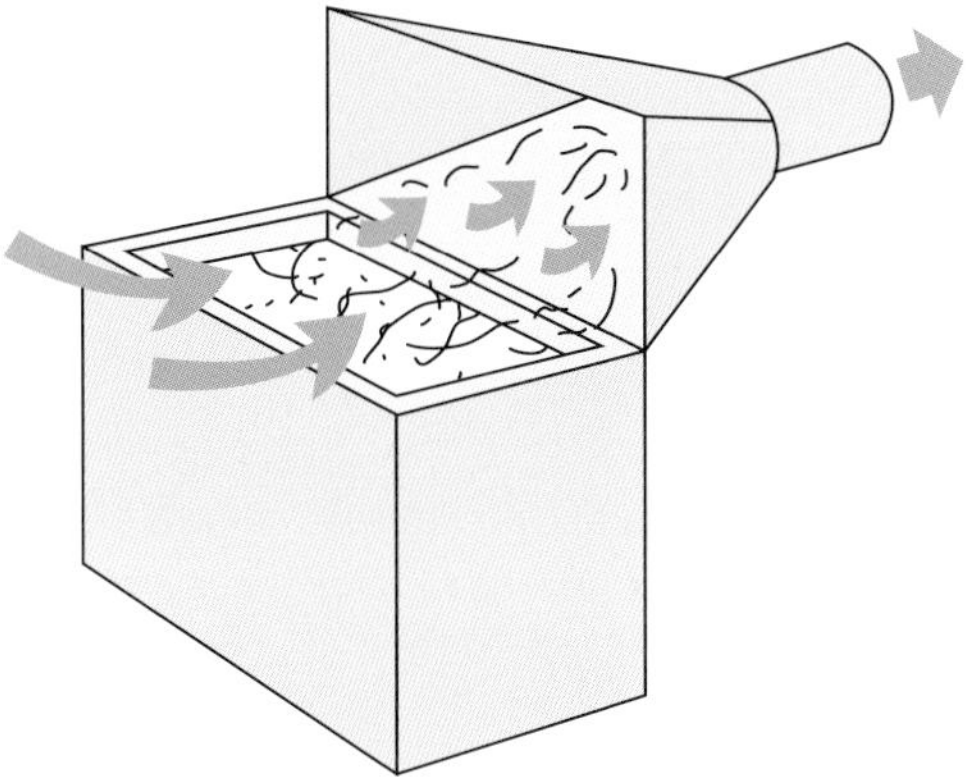

レシーバ式

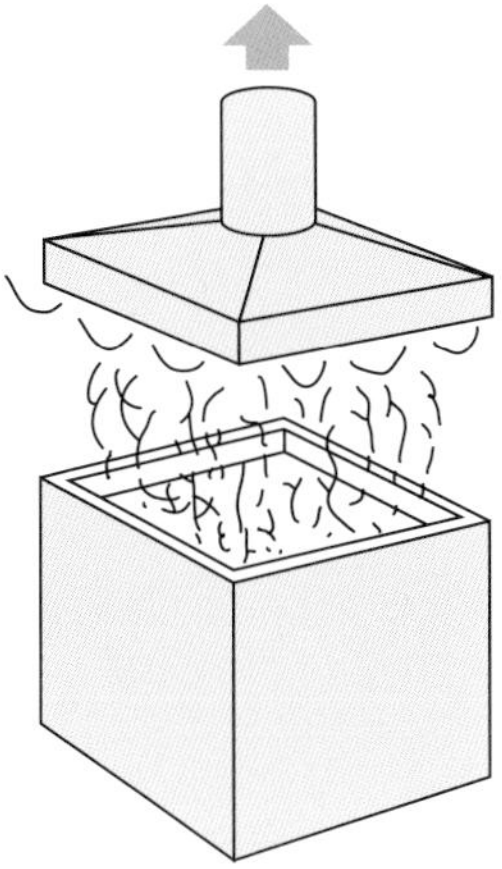

安全安心な食器製作のために
―衛生管理の注意点

身近な雑木林の木を使って食器や調理器具をつくることは趣味や収入のためだけではありません。最大の目的は生活者に豊かで安全な食生活を送ってもらうためです。

食器のデザインと食品衛生には密接な関係があります。食品衛生で重要なのは、消化器感染病と食中毒の予防で、次のような三原則があります。

(1)施設・設備が衛生的であること。

(2)調理者が健康で、食品の取り扱いの知識が充実していること。

(3)食品の原材料や使用水などが衛生的であること。

これらの三原則を守った上で、木の食器や調理器具は、次のような条件のもとで製作するとよいでしょう。

①安全な材料で、適切なマニュアルによって製作されていること。

②食器の形は洗浄しやすく食べものの残りかすが付着しにくい形状であること。

③熱湯、熱風乾燥などの消毒方法に耐える表面処理（塗装）が施されていること。

④消毒後の食器類の保管場所、消毒設備が適切に確保されていること。

ちなみに学校給食に用いる食器は、熱風消毒ができる保管庫（85～90℃、30～50分程度）で保管することが文部科学省のスポーツ・青少年局学校教育課が２０１０（平成22）年3月に発表した「調理場における洗浄・消毒マニュアルＰａｒｔ２」で定められています。

食品衛生のほかにも、ＰＬ法（製造物責任法）や品質表示など、商品の安全性については専門的な視点を持って製作に取り組むようにしたいものです。また、業務用の食器では、厚生労働省が定める食品衛生法・大量調理施設衛生管理マニュアルに準拠するように形状や製作方法を工夫するとよいでしょう。

山村クラフト製作方法の一例

炒めベラのつくり方

木製の調理器具は、菜箸、すりこぎ、しゃもじ、お玉など、さまざまな形のものがあります。機能的な調理器具は、食の楽しみを広げることにも役立ちます。また、調理器具は塗装を必要としないものが多いため、比較的短期間で製作できることも魅力です。本稿では代表的な調理器具として炒めベラのつくり方を紹介します。

【木取り】

デザインを決めたら、ベニヤ板に原寸を書き込み、平面の型板と側面の型板をつくる。

【整形】

帯鋸で平面を先に切り抜き、次に側面を切り抜く。材の形状によっては側面を先に切り抜くこともある。

【仕上げ削り】

ベルトサンダーで側面を先に削り、次に平面を仕上げ削りする。持ちやすく、美しく、使いやすく丸

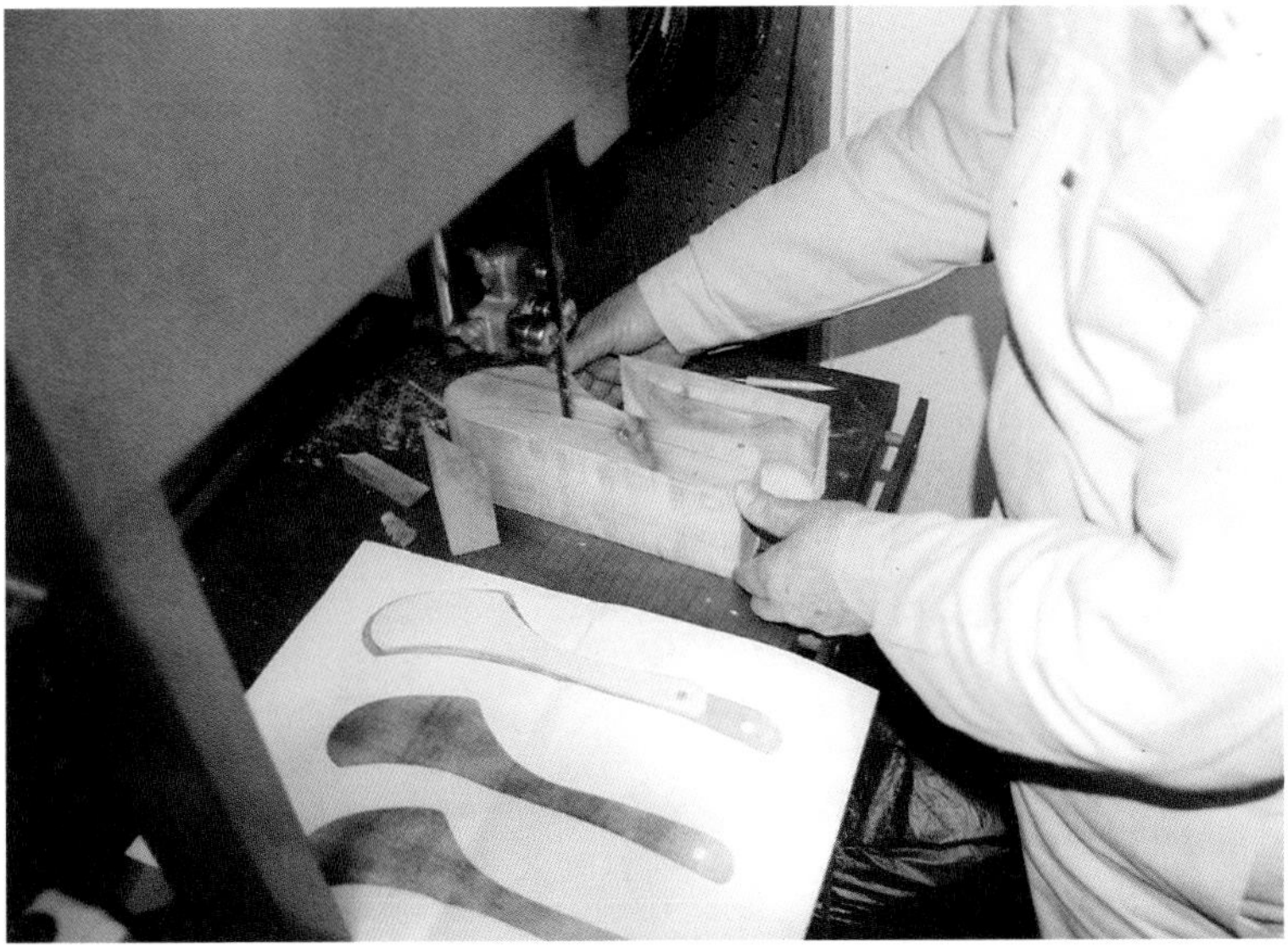

整形の作業

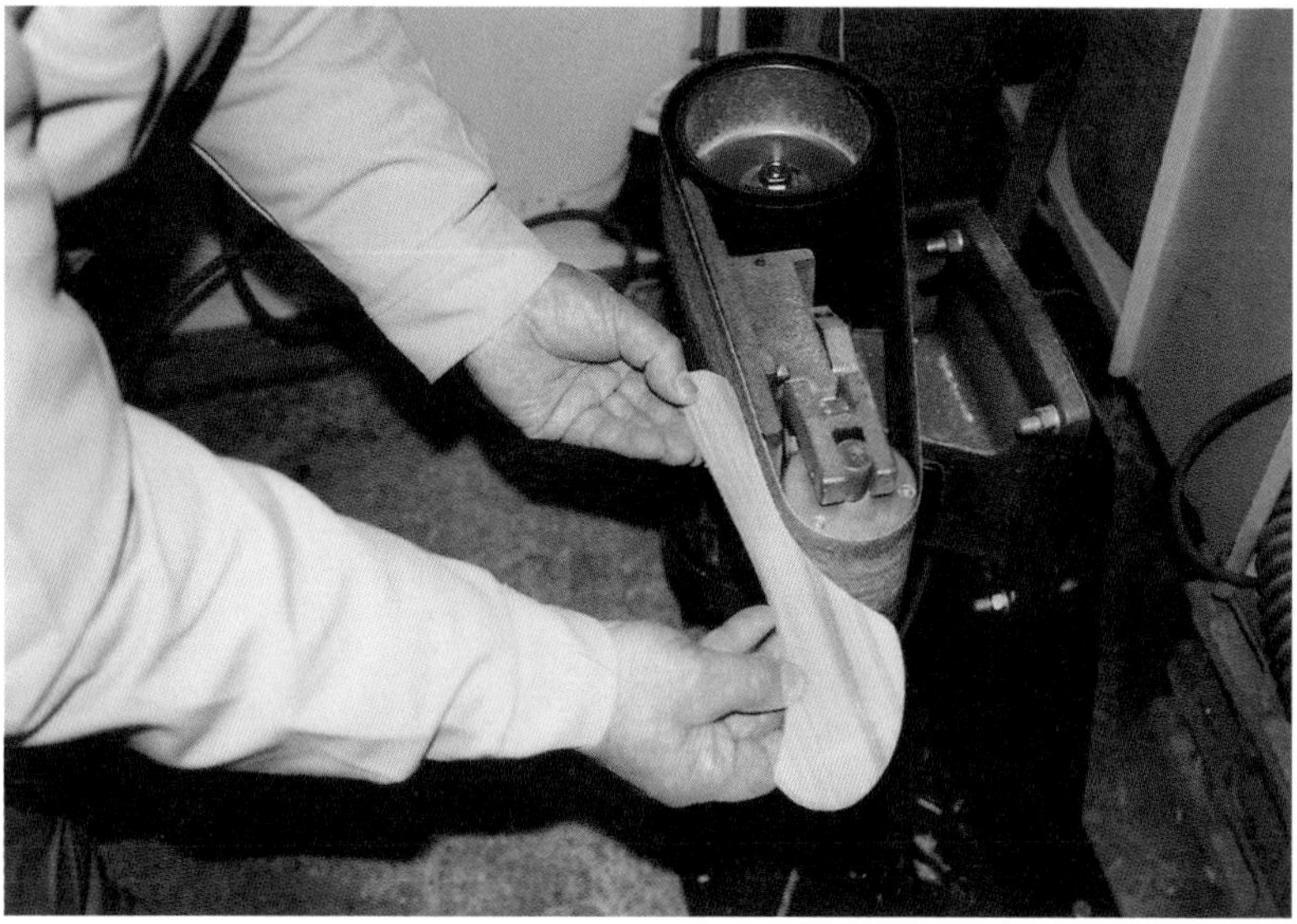

仕上げ削り

いろいろな調理器具

みをつける。持ち手の先端近くに穴をあけると完成。
なお、ベルトサンダーを使う際は、削り粉末が飛散しないようにカバーで囲み、集塵ダクトで吸い取るようにしたい。

【木固め加工】

割れ防止のためにプレポリマー（産業用木固め剤）を塗装した後、目止め剤を塗る。その後、風通しのよい場所で24時間乾燥させる。

【仕上げ塗り】

＃８００の耐水サンドペーパーで空研ぎし、片面ずつポリウレタン塗料を塗る。風通しのよい場所で６時間乾燥させたら完成（私の工房では上塗りには、寿化工のエステロンカスタムＤＸ７分消クリヤーを使っている）。

輪切りのコースターのつくり方

このコースターは、直径８～９㎝のスギの小径木を輪切りにして簡単につくることができます。デザインは子どもでもつくれる単純なものから、着色仕上げの難易度の高いものまであります。本稿ではやや難易度が高めのコースターの製作方法を解説します。

(1)乾燥前のスギの丸太（直径８㎝前後がベスト）を９㎜の厚さに輪切りにする。

(2)輪切りにした部材を大鍋かドラム缶に入れ、一時間ほど煮沸し、樹皮を取ると同時に汚れを拭き取る。軽く乾燥させたら、割れ防止のためにプレポリマー（産業用木固め剤）を塗る。

(3)除湿機を設置した部屋で３か月間乾燥させる。

(4)輪切り面を＃40のベルトサンダーで平滑に仕上げる。

(5)＃１００のベルトサンダーに、輪切り面の中央を指先で断続的に押しつけ、平滑面がほんの少し凹面になるように磨く（平らに磨こうとすると、余計な凹凸ができてコースターが安定しないため）。

(6)輪切り面をブラシサンダーで磨き、年輪を深く浮き立たせる。

(7)101頁を参考に塗装する。

果樹の枝を使った箸のつくり方

自然の枝を使った箸だから、多少は曲がっていてもよいと思ってはなりません。箸はまっすぐでなければ使い勝手がよくありません。食事の基本の箸づくりは、まっすぐな材に乾燥することが大切です。

【必要な工具】

①帯鋸（刃は最も小さいもの）、②電子レンジ、③ゴムバンド、④ベルトサンダー、⑤サンドペーパー（＃１００）、⑥幅３㎝×長さ30㎝の角材、⑦クランプ

反った枝材を角材で矯正する

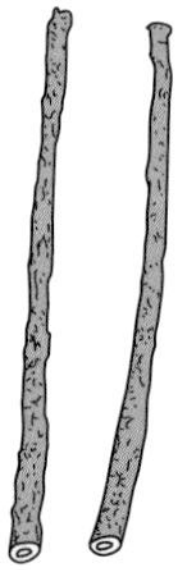

小枝材

1. 材料

手もとが同じ太さで、側枝が出ていない枝を選ぶ。直径 7 ～ 10mm 程度で、同じ太さのもの 250 ～ 270mm を 2 本一組にして箸 1 膳の材料とする

角材の処理

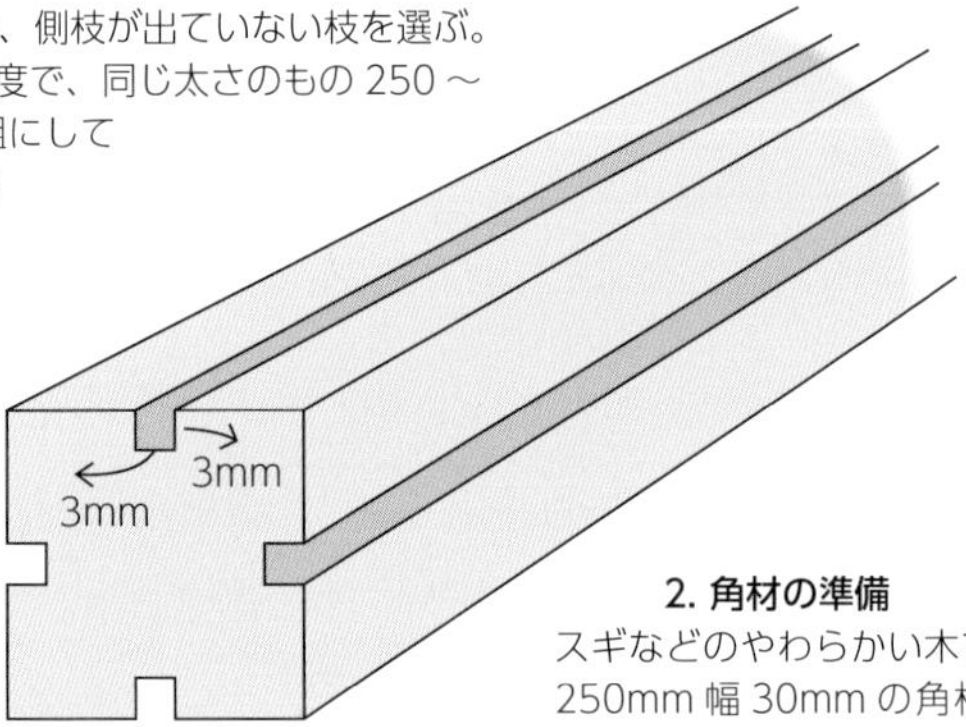

2. 角材の準備

スギなどのやわらかい木で、長さ 250mm 幅 30mm の角材をつくる。硬い木は電子レンジにかけると高温になりすぎるので使わない。できた角材の 4 面に深さ 3mm、幅 3mm の溝を切る

3. 角材に反った小枝材を巻く

反った小枝材を反っている円弧が上になるように 1 本ずつ角材の溝に伏せ込み、輪ゴムで仮押さえする。小枝を伏せ込んだままの角材の上からゴムバンドで強く巻きつける。アメ色の幅 10 ～ 15mm くらいのゴムバンドが適当である。黒くなったゴムバンドは鉄などの不純物を含んでいることもあり、レンジにかけると中で焼き切れることがあるので使わないほうがよい

角材への巻きつけ方

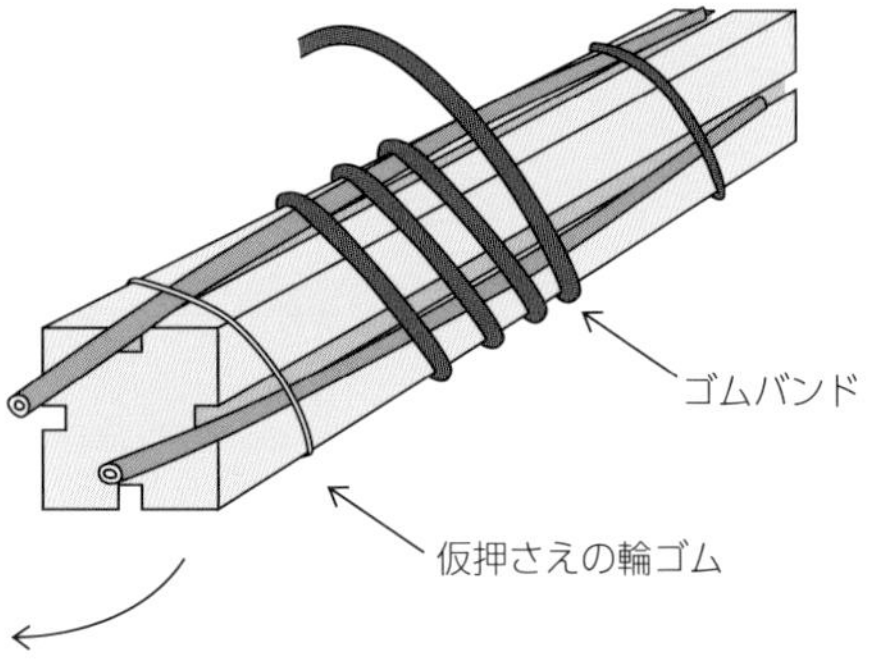

4. 電子レンジでの加熱時間

電子レンジで加熱する場合は、乾燥しやすい木は 350℃に達すると発火するので、150℃程度の温度に抑え、10 秒くらいの間隔で断続的に注意深く加熱する。レンジにかけた後は 1 日程度外気になじませた後、ベルトサンダーで箸の形に研磨する

電気ドリルによる
箸の先端処理

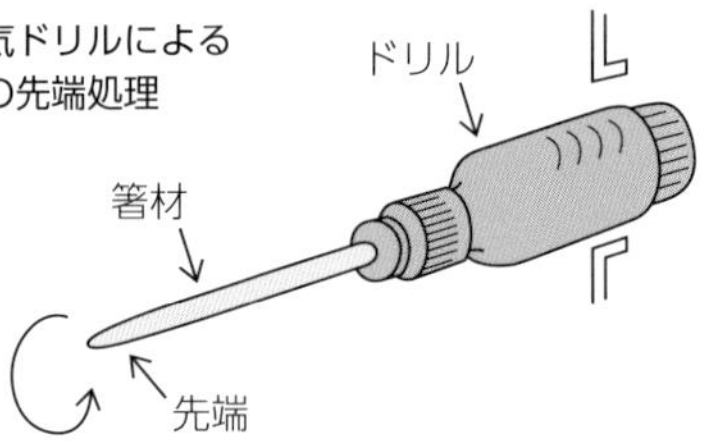

5. 箸先の処理

大型の電気ドリルに小枝の箸を挟んで、箸を回転させながら、先端をふっくらと丸みをもつように削る。完成した先端を基準にして 2 本合わせて長さをそろえて切り、仕上げる

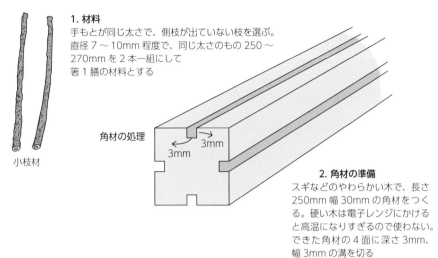

【手順】

(1)箸の材料となる果樹の枝（手に持つ部分の太さが7～10㎜までの曲がりの少ないもの）を2本1組にして輪ゴムをかける。
(2)角材の中央に幅3㎜、深さ3㎜の溝を彫る。
(3)箸の材料を角材の溝に沿わせ、ゴムバンドで巻きつける。このとき反った材料の円弧が上向きになるように指で押して調整する。
(4)電子レンジ（600W）に入れ、5～10回に分けて（60秒ごとにスイッチを切って）、手でやっと触れられる温度まで加熱し、強制乾燥する。箸材の内部が350℃以上の高温になって焦げないように注意する。
(5)乾燥したら電子レンジから取り出し、完全に冷却するまで待ってからゴムバンドを外す。
(6)箸がまだ曲がっていれば、もう一度角材にセットし、電子レンジで加熱し、直線になるよう修正する。1日程度外気になじませる。
(7)箸の先端から8㎝をベルトサンダーで円錐形に削り、先端の太さを2㎜にそろえる。
(8)電動ドリルを作業台にクランプで固定する。次に箸の後端をドリルチャックに固定する。電動ドリルを回転させ、#220のサンドペーパーで研磨する。まず先端の円錐形をゆるやかなカーブに整えた後、2本の箸の太さを同じにする。次に箸の先端を丸く削る。
(9)箸の先端から20㎝に切りそろえる。切断面をベルトサンダーで軽く磨くと木地は完成。
(10)101頁を参考にプレポリマー（産業用木固め剤）で塗装し、仕上げる。

木工ろくろを使わないニマの器のつくり方

ここでは木工ろくろを使わずに、丸ノミや匙ノミ

丸ノミを使ったエゴノキの食器

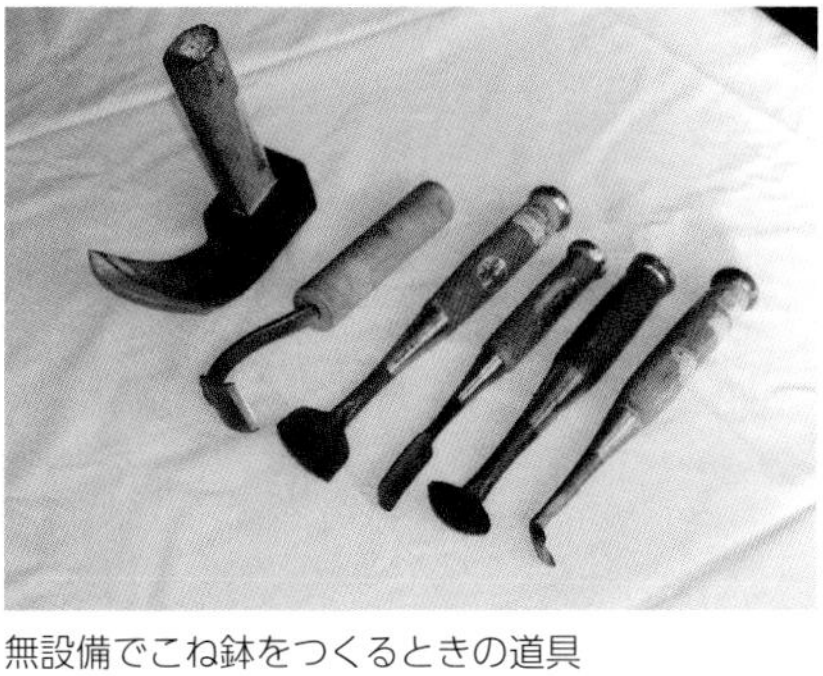

無設備でこね鉢をつくるときの道具

手彫りによる皿のつくり方

1. 鉈で半割丸太にする

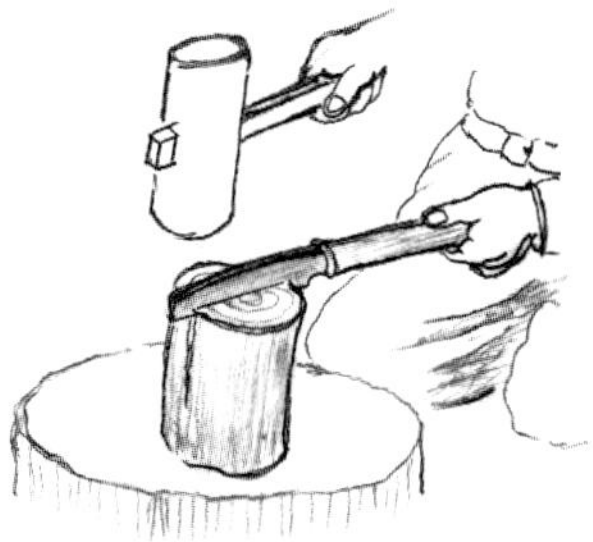

2. 器の形のイメージを樹皮の上に描く

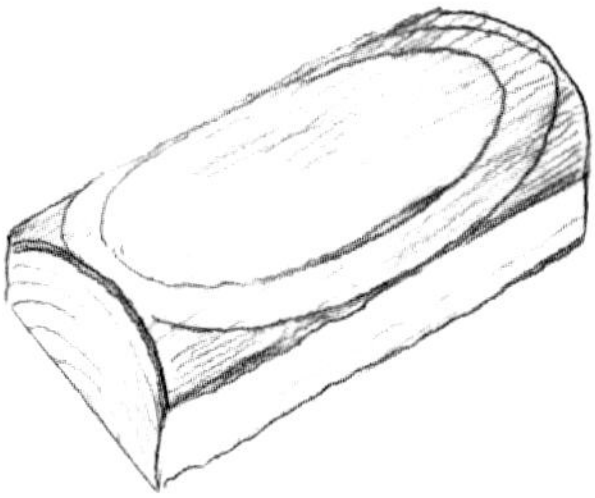

3. 丸ノミで荒彫りする

4. 匙ノミで線に沿って器の内形を彫っていく。彫りながら樹皮の下に木固め剤を含ませる

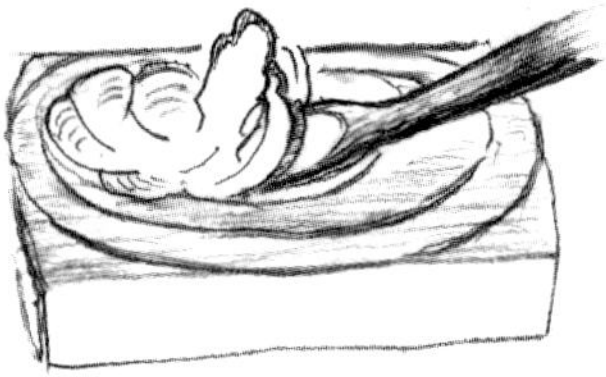

5. 内側を彫り終わったら外の形を整える。樹皮の下に木固め剤を含ませる

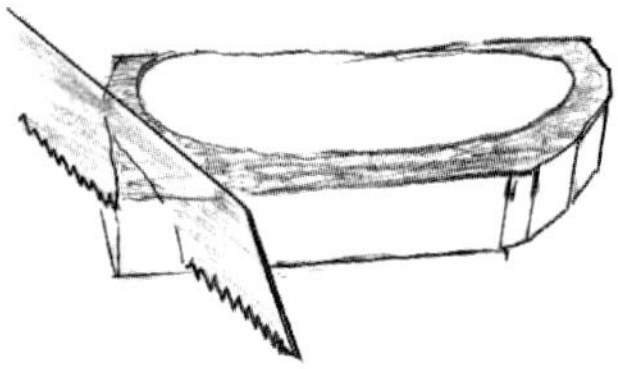

6. 彫り上がったら仕上げ加工に移る。内側はスポンジサンダーで、外側はベルトサンダーで滑らかになるまで磨く

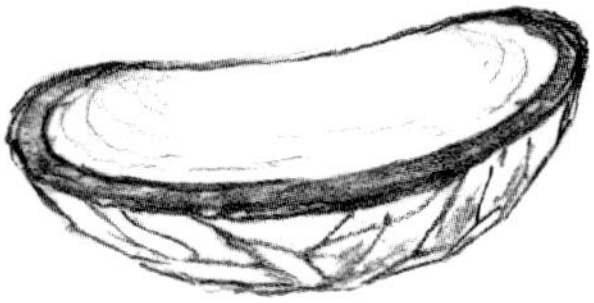

を使って、手刻みで皿や小鉢をつくる方法を紹介します。初心者におすすめなのは、直径12cm前後の樹皮を生かしたデザインの器です。木を無駄なく使え、木目の美しさを表現できて、商品としても魅力のあるものになります。

(1)乾燥前の丸太を斧や鉈《なた》で半分に割る。そのまま放置すると、切り口（木口）がすぐひび割れてしまうので、水を含ませた布で包んでおく。
(2)樹皮を生かしたまま食器にする場合は、樹皮を上に向けて置き、つくりたい食器の輪郭（形）を樹皮の上にチョークで書く。
(3)けがを防ぐため材料を作業台にクランプで固定してから、丸ノミでチョークの内側を荒く削る（浅い形状の食器は、匙ノミで皿の線に沿って内形を彫る）。
(4)材料が乾く途中で樹皮が剥がれ落ちないように、樹皮と木質の間に木固め剤（プレポリマーＰＳ№.１０００）を刷毛で含浸させる。
(5)器の内側を削り終えたら今度は外側の形をノミで削って整える。樹皮に再度、木固め剤をしみ込ませる。
(6)器の内外を彫り終わったら仕上げ乾燥に入る。
(7)乾燥させたら、狂いやひずみを削り取って整形する。
　外側はベルトサンダーで滑らかに磨き、内側はスポンジサンダーで滑らかに磨く。
(8)塗装は101頁を参考に刷毛で塗るか、スプレーガンで塗装する。
(9)塗料の臭い抜きのため、風通しのよい場所に１週間ほど放置する。

　同じ方法でこね鉢のような大きな器もつくれます。大きな器を彫るには時間がかかります。材料がひび割れしないように、作業を中断するときは、材料を必ず水に浸けて保管するようにしてください。

　形が整ってきたら水を含ませた布でくるみ、ゆっくり乾燥させながら彫り進みます。彫り終わったら、自然乾燥させ、狂いやねじれ、ひずみが発生したら削り取って整形します。

　この方法なら、大きな木材でもひび割れさせずに鉢やボウルがつくれます。

第4章

山村クラフトのグランドデザイン

人を育むデザイン

人間の尊厳を守るクラフトマンシップ

工業化社会の限りない発展が続く中にあっても、人間の尊厳が守られるバランスのとれた社会を目ざすならば、手の力によるものづくりは欠かせません。地域社会も都市社会も、企業も個人も、皆が共通に課題を語れる素材、それが木です。木という素材は、ビル建設を手がけるような大企業でも、山村に暮らす個人でも取り組むことができる対象であり、また社会的な活用も自分自身で個人的にも使えるもの。人が必要とするような、また、人が使って幸せになるような生活用具をつくるには、良質で品格のある美しいかたちでなければなりません。

美しさとは人間の創造の一番高いところにあり、美しいものを創造することが、人間が人間である証だと思います。社会で人々が美しく豊かに暮らすことに役立つデザインは、生活文化であるとともに商品ともなる経済文化でもあります。このことに情熱を惜しまないものづくりが、クラフトマンシップなのです。このクラフトマンシップを目標とするならば、企業でも個人でも人間として輝くことができます。こうした人々が感動を共有できる素材が木であり、それこそが山村クラフトの使命です。

クラフトマンを育てる

人を育てるのに100%成功するようなデザインなどあるはずはないのですが、どのような目標でどのように学べばよいか、また、どのような環境を用意すれば学びやすいかを考えてみたいと思います。見方を変えれば、自分づくりのデザインがあってもいいのではないでしょうか、生きる目標が見えると人生はいっそう楽しくなります。

山村クラフトのつくり手が、自分自身が使うためのものをつくる段階から人を幸せにするものづくりへと前進しようとするとき、自分以外の人からも美しいと共感してもらえるものをつくるには、造形美のセンスが最も大切です。センスを鍛えなければ、共感が生まれる美は育ちません。では、どのように

コラム

クラフトへの情熱がつなぐ地域と大学

1928（昭和3）年、商工省工芸指導所が宮城県仙台市に開設され、機関紙『工芸ニュース』（1937～1949年）を通じて、日本全国の工芸情報と世界の工芸情報が学べるようになりました。私が「手仕事の宝庫・東北」を知ったのも、北欧のデザイン立国フィンランドやデンマークを知ったのも、『工芸ニュース』からでした。その後1950年代半ばから、各都道府県に公設の産業工芸試験所（産工試）が設置されます。

平成の行政改革では、大半の県で工芸指導所が廃止となりました。再興への期待も人口減少が予想される令和の時代では、望みはなくなりました。けれども学ぶことはいくらでもできます。

私は、クラフトマンとしてものを見るときには、次の4つの基準があると考えています。

①自然界の造形美
②見て知る形
③描いて知る形
④比べて知る形

詳しくは後述しますが、このようなクラフトマンとして「ものを見るときの基準」をもって、改良を惜しまなければ、山村の有利性を生かしたものづくりは楽しくなります。

クラフトは反復生産が条件であり、陶芸、木工、金工とどんなジャンルであっても、また、ひとつだけの作品をつくる場合であっても、必ず複数個以上をつくれる技法で製作していくものです。芸術作品のようにひとつのキャンバス、ひとつの塑像を、数か月または数年もの時間をかけて製作するようなことは、クラフトではあり得ません。

クラフトは数をつくる中に良品を求める生産の仕事です。そこが油絵や彫塑と根本的に異なるところで、単に技法の問題だけではなく、思想的立脚点の相違を認識し、クラフト独自の美学観を確立しなければなりません。ではクラフトの美学とは何か。それはつまり「良質と調和」をもって生活社会を豊かにすることといえます。それは生活文化の継承に向けた提案を目的にものがつくられ、地域づくりへの発想と行動から、必然的に「地域共生」の理念が養われていくようなあり方です。

産工試は廃止されましたが、情熱のある地域には大学が注目してくれることがあります。大学も国公立と私立があり、国公立で取り上げにくい研究でも、私学が取り組みやすいテーマもあります。大学には、これからもっと地方の社会問題の研究に取り組む体制をつくってくれるよう期待したいと思います。

産学官の連携がとても重要な研究になり得るという意味で、大野村や置戸町のまちづくりの事例が参考になります。研究の際には、大学側の効率論と行政側の公平論のはざまで、地域社会が追いついていけないといったさまざまな問題が生じます。そんなとき、人と人とのチームワークによって生まれる信頼と時間をかけた情熱は、必ずいい結果をもたらし、地域に人を育てることでしょう。

してそのセンスを身につければよいのでしょうか。

都市ではデザイン学校は数多くありますが、デザイン教育を受けたとしても、自らが感じ取る感受性は、自分が鍛えなければ自分の中に育ちません。デザインの学校に行ったからといって、必ずしも造形美が身につくわけではないのです。

山村クラフトには学校はありませんが、山村にいてもデザインの学習は可能です。何よりも学べる自然が足もとにありますし、また農林業にその生涯をかけ、森を育ててきた経験豊富な人々が、生きた事典として身近にいてくれます。豊かな自然環境の下での四季や旬、そして祭りや慣習といった伝統が、長い時間の積み重ねによって豊かな人生を形づくっていることを感じられるでしょう。山村空間は、造形美のセンスを学ぶ宝庫のようなものです。

デザインのセンスを磨く

設備・技術よりも大事な美的センス

素材や設備・技術があっても、総合的にまとめる美的センスによって、商品の品格が左右されてしまいます。

造形美は、山村クラフトが追求する最も大事な「良質」の要素となります。「道具があればつくれる」ではなく、自分が求める「良品」を生み出すために「必要な道具をつくる」ようになってほしい。

トータルな感性を自分自身の中に育むには、自然の草花や木の葉のかたち、芽吹きの力強さなど、自然の造形を意識する訓練を日常生活の中に習慣的に取り入れることです。訓練する中で、自然を観察する気配りを身につけようとする心の状態（意識）をつくることが大切です。

デザインセンスを磨く3つのポイント

かつては国や県の行政機構の中に産業工芸試験所（産工試）や工芸の研究機関があり、地域産業の指導にあたったものですが、平成の行政改革で、各県とも産工試は大幅に統廃合されてしてしまいました。大分県も竹と木、それぞれの産工試があったのですが、いずれも廃止され、地場産業は学ぶ場を失ったわけです。とても残念なことですが、今はなくなったことを嘆くより、自然から学び取る手法を身につけたほうが賢明でしょう。

ここでは、自分で楽しくデザインセンスを学ぶための、３つのポイントをご紹介します。それは、
①見て知るかたち――自然の中に学校はある

②描いて知るかたち――線のデザイン
③比べて知るかたち――基準をもってかたちを創る、ということです。

見て知るかたち、自然の中に学校はある

春の樹々の芽吹きの力強さ、花の華やかさ、はかなさ、夏の緑の生命力、秋の豊穣、冬の休息。これらのどれを見ても、時々のかたちがあることを感じ取れる、そんな観察力を高めましょう。

雑草「ハナムグラ」の茎に４枚から６枚ずつ輪生している葉をよく見ると、葉は茎を中心として放射状に、みんな違う方向を向いて生えています。それぞれの葉は、３６０度全方位から精一杯に太陽のエネルギーを受け取り、炭酸ガスと水からデンプンをつくる光合成をみんなで力を合わせて行ない、一株のハナムグラの全体に必要な栄養素をつくっているのです。そこには、必然的な自然の造形美が生まれています。

ここで大切なことは、３６０度違う方向を向いているかたちを発見する観察力あるいは注意力が、目配り、気配りのできる自分を育てる修業であるという意識を持つことです。それが全体のかたちのハーモニーを、美しいと感じ取れる美意識の訓練につながります。山村クラフトの学校は山村の自然の中にあるといえます。

描いて知るかたち、線のデザイン

つくりたいけれど、何をどうつくってどこで売るのか、どこで学べばよいのかわからない場合も多いでしょう。指導者に基本を学ぶことは大切なことではありますが、指導者がいつも自分の近くにいるわけではありません。

そんなときにはセンスを磨く時松流の４つの方法に取り組む訓練をおすすめします。それは、以下の４つです。

①図面を描く
②鉛筆２本で描く
③デッサン
④模写

①の「図面を描く」方法は、自分のつくったものの断面図を、正確に紙に写し取ってみることです。その図面で、不自然さはないかを自然界で見る造形美に照らして確認し、そこを修正することによって次の改良点が明確になります。３度繰り返すころにはかなり完成度が高くなり、品格が備わってくることでしょう。描いて知るということはとても大切で、

ものづくりには製作図は必要不可欠なのです。

②の鉛筆2本で描く方法は、まず、鉛筆1本で水の流れを勢いよく描いてみる。そのあと鉛筆2本を持って、雲や水の流れを1本のときと同じように勢いよく描いてみる。鉛筆3本で同じように勢いよく書いてみる。この3つから何か感じ取れるものはないか。2本の鉛筆の線の交わりでできる形に、何か新しい器の断面図に使えるところはないか？　こうしたことを繰り返すことで、かたちに対する感覚が鍛えられます。

1本の鉛筆では到底描けなかった線も、鉛筆を2本持って描くと、偶然にも有名画家が描いた天女の衣のような流麗な絵が描けたことに自分で驚くことでしょう。こうしてかたちへの興味を鍛えていきます。

③のデッサンの方法は、毎日ハガキ大の紙に1枚、絵を描くことです。モデルは自分の指でもよいし、1枚の木の葉でもよいでしょう。毎日同じ絵を描くのです。

これは絵が上手になるためではなく、線が描けて、その線が温かいか、冷たいか、固いか、やわらかいか、見えないうしろの線につながっているかを感じさせられるようになるための訓練、つまりこれがデッサンです。

デッサンを一か月に10枚描いた場合と30枚描いた場合とでは、絶対に違う自分がいるはずです。一年に365枚描くと、かたちに対する自分自身の目が鍛えられ、枚数を重ねるごとに上達が実感できて、つくるもののかたちの改良点が自分で見えるようになります。このように紙に描く習慣を身につけると、自分の心の中にも絵が描けるようになり、描いて知る観察力が高まってくるのです。

④の模写は、江戸時代の有名絵画である尾形光琳の紅白梅図や俵屋宗達の風神雷神図などを模写することです。こうすることで、絵として鑑賞するだけでなく、構図や図形が、自然界の樹木や植物のかたち、水や風の流れに沿っていることが見えてくることでしょう。自然の造形に沿うことが、人が安心し、心が穏やかになる表現であることが理解できると、つくるものの改良点が自らわかるようになります。

このような方法を繰り返すならば、山村の自然から、だれもが自分自身で学ぶことができ、センスを身につけられます。美意識を学ぶ学校は、自然界の中にあると言っていいでしょう。

比べて知るかたち

良質なものをつくりたい気持ちはだれも同じです

が、サンプル通りつくったつもりでも、どれが良質なのかわからない時期があります。そんなときは、一回の仕事の中から、自分がよくできたと思うものを3点選び出してみましょう。3点のうち、最もよいと思うものを左から順に(a)、(b)、(c)と並べて1m離れてみて、(c)から左の(a)の間のものは次回からつくらないと心に決めます。次に一番よくできたと思う(a)を真ん中に、左から(b)、(a)、(c)と並べ、(c)から右の位置にあるものや(b)から左にあるものは次回からつくらないと決めます。ひとつのものだけではわからなくても、3つを比較することによって、サンプルの基準を確認することができます。こうしたことを繰り返すうちに、取り出すサンプルの質のレベルが上がってくるのです。自分の目でも、かたちへの確かな上達が自覚できるようになります（144頁参照）。

こうして自分自身で段階的にかたちに対する訓練を重ねると、比べてみる観察力が高まってきます。「サンプルをよく見なさい」と言われてもわからなかったものが、観察力が高まると視野が広がって、全体が面的にとらえられるようになり、成長していく自分が自覚できます。ものの見方がわかるようになると、見て学ぶことへの自信がついて、同業者の仕事ぶりを見たり、さまざまな催事に出展された品物のかたちを比べてみたりするといった機会も、自分の生きた教材として活用できるようになります。

地域ストーリーをデザインする

四季・旬・節句・祭り　暮らしの知恵

山村に暮らすことで、自然環境から学べるという有利性をデザインに生かすには、どうするか。先述した美的センスを磨く自主訓練で学んだ自然界の植物の造形を思い出すと、春夏秋冬にひとつのヒントがあることがわかります。

山村に暮らす人々の生活の中にも、ヒントは無限にあります。四季折々の節句の楽しみや喜びの中に食べものがあり、道具があり、遊びがあり、風景がある。それを作品づくりに生かすことです。

地域ストーリーの題材は身近にあります。昔はこうしたお節句や甘茶祭りなどの季節行事を、指折り数えて待ち焦がれたものです。今はそうした感動は忘れられてしまいました。田舎のおじいちゃん、おばあちゃんが教えてくれた、作法や遊び方の季節教育を懐かしく思い出します。こうした事柄が、地域ストーリーを考えるヒントになります。

好きの持続と関心度

山村クラフトが、農山村に暮らす人々、そして林業にとって有益である一方で、活動を続ける上でこえていかなければならないさまざまな課題もあります。それは、どんな人生、どんな職業であっても同じで、解決するには時間を要します。それが楽しく続けられる条件は、ただひとつ「好きである」ことにつきます。好きであればこそ関心の度合いも高く、どんな事情も解決していくエネルギーが増幅され、仕事が仕事を教えてくれるのです。

好きの持続と関心度が、地域の生活スタイルをデザインするエネルギーとなり、クラフトマンシップを育むことでしょう。

山村クラフトが成功し、生涯働ける環境にまで発展、繁栄する条件を整理すると、以下のようになります。

①人が必要なものをつくる
②素材（木）が豊富
③基本技術を習得できる
④使って（愛用して）くれる社会と関係を深められる（人との交流を行なう）
⑤つくり手の不断の創意工夫と意識の向上がある（好きであること）
⑥ものづくりを経済活動としてとらえ、価値の確立に向けて行なう（売る目的でつくる）
⑦四季や旬に関心を持ち、地域社会の伝承や習慣に順応し、積極的に参加できる（地域共生を心がける）
⑧工芸を通して環境に配慮したまちづくりに参加し、キャッチフレーズを設定して、多くの人と多面的に行動する（囲い込まない情報交換）

生活の中で繰り返す、習慣の環境をつくる

芸術的で造形的な仕事は、自身の技への研鑽があってこそ成し得る仕事です。生涯を通して技の限りない高みへ向かうことが目標となり、これでいいということはありません。

美を意図的に学ぶというより、日常生活の中で美への関心を失わないように、生活習慣の中で日常化する環境を設定することが大切です。

たとえば、毎日目にしている玄関の履き物の方向がこれでよいのか、部屋の中のものの位置が斜めに置かれていないか、窓から見える木の葉の色が昨日と今日ではどう変化しているかに注意を払いましょう。これらは、一般社会でいう神経質とは意味が違い、自己の美意識の研鑽のための習慣づけです。

こうした心の環境を整えたうえで、ものをつくるという姿勢は、社会に対して「良質と調和」を提案する職域の義務であり、それこそがクラフトマンシップであると私は考えています。

10年たってやっと始まる
―地域の反発とどう付き合うか

人は学ぶ喜びとともに、人に教える喜びも持っています。学ぶだけではなく、後輩に教えることで学んだことが自分の中で整理され、よく理解できるようになるのです。喜びの中にはリスクも潜んでいます。リスクというより、人が人として成長していく人間ドラマと理解したほうが賢明ですが、だれもが避けることのできないことでもあります。

クラフトが地域の産業として成長する過程を、私の経験から振り返ってみると、以下のような段階があるように思います。

①はじめの2年間で基礎技術を学ぶとともに、業界の職業用語が説明なしに理解できるようになる。

②3年目になると、みんな少し技術が上達して、学んだ商品がテスト販売で少し売れるようになる。お互いの利害関係も発生し、教える側と学ぶ側に溝が生じてくる。

③4年目は小さな利害関係からグループの分裂が始まり、地域の旦那衆を巻き込んだ静かな分裂劇に発展してしまうこともあり、意見の対立や主張の違いから仲間割れが起きる。これは悲しい体験ですが、こらえて凌ぎます。

④5年目になると、争いについて「こんなことをしていても何の意味もない」とみんな気づいてきて、少しずつ「大人」になる。

⑤6年目になるともう少し落ち着いてくる。

⑥そして7年目になるころ、ようやく喧嘩が収まってくる。

⑦8年目にはやっとお互いの状況を冷静に見ることができるようになり、ライバル心はあるが、それぞれが相手の生き方を認められるようになり、新しい協力関係が芽生える。

⑧9年目を過ぎるころからお互いに余裕ができ、付き合う部分と付き合わない部分との見極めもついて、ようやく「大人」の付き合いができるようになる。産地としてまとまるようになり、いい部分が地域の人に歓迎されることがわかると、ようやく自分たちの進むべき方向が見えてくる。

⑨10年目、小さな波はあってもお互いに上手に乗りこえて、地域の期待も意識しながら安定期に入り、産地らしくなっていく。

このように地域を混乱させながらも、真剣に取り組んでいれば、時間とともにいい結果は必ず出ます。新しい旦那（ごひいき筋）も出てきて、何となく収まって一段落します。しかし、問題はそこからです。

産地化への道を歩み始める10年目以降、20年目に向かってどんな目標を持てばよいか、ふと不安になったりします。そのように迷ったときは初心に返って、山村クラフトの基本である「良質で品格のある日常の生活用具」をつくり、生活社会の暮らしに役立てることに徹することです。つまり社会に向き合えば仕事がなくなることはありません。まずは自分たちと同じ地域社会の経済圏を対象に、域内流通から取り組めば、顔の見えるコミュニケーションで目の前は開けてきます。そして情報交換による交流は、地域づくりへの発想へもつながっていくものです。

売り方をデザインする

「商品」を生産する

「売る」とは社会と連携すること

ものを売るという行為は収入を得て自分の生活を維持し、一定額を納税し、社会を支える大切な活動であり、社会との連携です。社会に歓迎されなければ持続はなく、そのためにつくるものは社会とともにあり、そのことがものを良質な品格あるものに改良していく推進力となります。それぞれが持っている思想と技術で最善を尽くし、社会を豊かにするために技術を鍛えることは、つくり手の義務であり、美意識を鍛えることが生涯の課題となります。

商品生産の向こう側にあるサービス生産

企業の製品がベルトコンベヤー方式やコンピュータ方式で生産されるのに対し、クラフトは人の手と感性でつくる、心のこもった生産のかたちです。

ですから、クラフトの生産現場をとりまく、生活の匂いをデザインに盛り込めるかどうかがポイントといえます。逆にいえば、製品のデザインや、販売への取り組みを通じて、生産現場の日常が見えてしまうということもあります。

たとえば仲間で展示会をやるのに役割分担をします。しかしみんなが展示会に出てこない。計画の段階では、みんなが「やろう、やろう」と盛り上がっているのですが、いざ始まると「家の用事がある」とか言って、顔を出すだけで何もしない。みんな忙しいからできないというので、結局は役場の担当職員や地域外のスタッフがやることになる。それではせっかくいいものをつくっても消費者に生産現場の情報を伝えることができません。

農産物直売所の野菜に生産者の写真が添付されているのを見てもわかるように、つくっている人というのは、その人の存在そのものが、消費者が求めている情報になります。そういう展示会での体験や流通を学ぶ過程で、ものの生産だけでなく、つくり手の心のサービスも生産するという意識を持つことが大切です。

ひとつのものを売る場合、原料生産、商品生産の向こうにサービス生産がある。つくり上げたものについて客に説明したり、顧客のニーズに応えたりするような商品づくり、それはサービスの生産といえるものです。愛用してくれる顧客の心をつかむ山村クラフトは、サービス産業に近いものがある。自分のつくったものを、責任をもって販売するということは、山村クラフトのようなハンドメイド製品には大事な点です。

都市と農山村の交流を例に考えると、無秩序なリゾート開発のような交流もありますが、都市も何か欲求不満を埋めることができるものを求めているので、都市の期待を裏切らない美しい田舎での、美しいクラフトの生産は、製品を通した産地と消費地、生産者と愛用者の交流を生み出すものです。本当に長い付き合いにするには、「信頼」などという抽象的な言葉ではなく、良質な品格のある美しい生活用具をつくり、それを使ってもらうことで、顧客と生活文化を体感し合えるつくり手に成長することが必要です。そうすることで初めて、信頼できる山村クラフトの産地ができていきます。

そのためには技術、ルールそして制度も必要になるでしょう。都市社会の欲求に応えるには、産地の風景や景観を整える事業に参加してもらうことも大事になってきます。並木や花の咲く森、水の湧く泉など、長い年月をかけて森林をつくる取り組みを都市社会と共有できれば、その取り組みの過程そのものが財産となり、そこで生み出される質の高い生活用具は、結果として都市の一流デパートが最も探し求めている商品のひとつとなることができます。

商品の基準を設ける

良質なものをつくりたい気持ちはだれでも同じですが、具体的にどこがよいものかということは、そのものの利用目的によって違いが生じます。

山村クラフトでは、ものづくりの基準として以下のことを心がけるとよいでしょう。

①足もとの資源を生かし
②安全なものに
③丈夫で
④使い勝手がよく
⑤美しいかたちにつくる
⑥ローカル性があり
⑦グローバル性もあり
⑧価格が合理的である

これら8つの基準のうち、⑤の「美しいかたちにつくる」という基準は、その作品によって美しく使う情景を生むもとになるものです。工芸でいうところの「用の美」を生活文化として自分自身の中に取り込み育んで、認識を深めることができるかが問われることになります。最も大切で最も難しい基準といえるでしょう。そのためにセンスを磨く努力が必要で、これはつくり手の指針であると同時に目標でもあります。

売る場所を選ぶ

工房で工芸品をつくる生産者の自由があると同時に、その工芸品を売る販売者の自由もあります。販売する方は自分の目で生産物（作品）を選び、多くの生活者に提案します。つまり販売者は愛用者を生産し（増やし）、良質な社会をつくる役割の一端を担っています。そのような販売者の努力に応えることが、工房の運営を安定させます。このため山村クラフトでは、売る場所（販売店）を選び、良質な生産者と良質な販売者が協力し合って、良質な社会を目ざし、生活文化を継承していくことが大切です。

使い手の希望に触れる展示会を企画する

展示会に関わる作業

展示会では、積極的にクラフトマンが自分の製品をアピールし、売り込むチャンスも生まれます。展示会を開催する際の作業の内容と手順を表にまとめました。しかし、これまでにそのような経験がない場合は、この表などを参考にして、きちんとした係を決め分担しておくことが必要になります。

展示会の作業構成

作業区分	手順番号	具体的な作業内容
生産	1	商品の日常生産
	2	展示会の計画・構想
	3	展示会での提案商品の製作、演出用品の製作
企画	1	会場の確保
	2	会場側との折衝
	3	出品リストの作成、提出
	4	会場および展示現場のレイアウト
	5	PR の計画
	6	展示パネル、チラシ、プレス関係配布資料等の作成
	7	案内状の写真撮影等ならびに作成、印刷
	8	発送先の選択、発送
	9	マスコミ対策
会場設営・搬入	1	会場設営のための小道具用意
	2	ディスプレイ用品の用意
	3	出品物の用意、価格ラベル添付、出品リスト作成
	4	会場設営
	5	商品搬入
	6	小道具ディスプレイ用品の搬入
	7	商品展示、展示レイアウト
	8	パネル展示
	9	花を生ける
	10	果物や小道具で演出する
	11	照明をつける
	12	空調を整える（加湿器など）
	13	片付け、清掃
接客・販売	1	一般接客（パンフレット用意、商品説明）
	2	マスコミ接客係を決めておく
	3	包装、会計
	4	会場の日誌あるいは記録
	5	一日のまとめ、あるいは申し送り事項記入
	6	朝夕の会場清掃
	7	商品補充および期間中のディスプレイ管理（調整、変更など）
	8	生産のためのデザイン変更、会場での考察および記録
	9	売上整理、受注品の整理、商品発送
搬出	1	会場撤収
	2	掃除
まとめ	1	反省会
	2	展示会のまとめ作成（次回に備える）
	3	関係機関への報告、礼状の発送

表には、展示会に出展する際に必要な作業の構成を示した。展示会への出展は、表にある作業区分ごとの各項目にあるように分担作業によって成り立つ。全体を見るディレクターのもと、作業区分ごとに列挙している具体作業の担当者を決め、責任を明確にする必要がある。

クラフトマンにとっては、生産経費はわかっても流通経費はわからない、実感できないことがほとんどです。自分たちのものを売るために、生産以上にお金がかかることを理解していないと、クラフト事業が軌道に乗ったとき大変苦労します。この表を見れば、生産者が知らない多くの苦労が販売側にもあることがわかります。

生産者も、実際に販売をやってわかることがたくさんあります。たとえば、展示会の際に産直だからとマージンを15％ぐらいに設定して販売価格を抑えると、電話代だけでなくなってしまう。「どうしても30％は必要だな」とか、自分で流通経費を理解しておかないと、流通現場とのトラブルが起きることがよくあります。その上でお客様と接して、初めてフェアなサービスの仕方を覚えていくことができます。作品を通して、消費者のニーズに触れられるのはそれからです。

商品見本市、販売を伴う展示会などへ出展参加する場合、準備段階から会場での運営まで、どのような作業が必要となるのか理解していなければなりません。効率のよい運営のため、また、つくり手側が意識のある出店体験を積むために、展示会の作業構成の表（129頁参照）を活用してください。こうして準備から始まり、展示会を無事終了するまでの過程を見ると、それがつくり手の貴重な市場体験のひとつなのだと実感していただけるでしょう。

【生産】

展示会の作業は、商品の準備から始まります。普段の商品生産活動を土台に、どのような意図でどのような商品を出展するかを決め、展示会で提案する商品の製作を準備します。また、商品以外にディスプレイなど、展示会の演出に必要な用品も必要に応じて製作します。

【企画】

会場の出展スペースを有効に活用できる展示構成を考えて、出品リストを作成します。パネルは商品の説明だけではなく、作者や産地の紹介など来場者の興味を引く内容のものも用意しましょう。また、展示会開催をPRする案内状・チラシは、主催者側の用意したものだけでなく、独自につくり、関係者に配布することをすすめます。マスコミ関係などで紹介されることを考えて、展示作品や作者、産地などの特色を簡潔にまとめたプレス配布用の資料を用意するなど、なるべく多くの媒体で取り上げてもらうような努力も必要です。

【会場設営・搬入】

展示会場において自分たちの展示ブースを設営し、商品や資材を搬入したりディスプレイしたりする作業は、時間が限られた中で細心の注意を要する仕事です。実際にディスプレイしてみて、演出に使う小道具などが足りないことがわかったりすることも往々にしてあります。ディレクターと各担当者のチームワークが要求される場面です。それだけに、各作業の分担と担当者を明確にしておくことが必要です。

【接客・販売】

大勢の人々に対する接客や販売を経験することは、つくり手にとって貴重な経験となりますので、機会をとらえてぜひ担当してください。接客は一般来場者に向けてのほか、マスコミ関係者への応対を担当する係も設けておくとよいでしょう。

展示会中には、通常は担当者が入れ替わるものなので、毎日の記録や日誌をつけ、品薄になった販売商品やチラシ、資料などの補充といった申し送り事項があれば、明記しておくようにします。

【搬出】

展示販売、ディスプレイ用品の搬出、会場撤収も限られた時間内での作業となります。十分な人数の人員を確保し、ディレクターと担当者のチームワークで効率よく作業を行なうことが必要です。

【出店経験の反省と蓄積】

展示会への出店経験を意義のある市場体験として身につけるために、担当者一同で反省会を開き意見を交換することは有益です。展示会場で自分が直接体験できなかった事柄についても、ここで聞いておきます。また、期間中の売上高、来場者数、ＰＲ方法およびＰＲ対象、アンケートを実施した場合はその結果などもまとめた報告書を作成しておきます。これは次回の出展時に活用できる情報のまとめとして必須です。最後に、出展に関して協力を得た関係機関や団体などへの、報告や礼状の発送も忘れないようにしたいものです。

値段をつける

販売経費が重要

生産者はユーザーに届くまでの間の、卸問屋、小売店の生計が立ち、かつユーザーが納得できる価格を計算しながら、企画・デザイン・加工ができなければなりません。

たとえば東京の百貨店で販売する場合には、百貨店指定の消費地問屋を経由しなければなりませんから、消費地問屋が成り立ち、百貨店という小売業者が成り立ち、何よりも消費者を納得させる価値と魅力がその作品になければなりません。一枚の皿をつくるときに、製作者自身、産地問屋、消費地問屋、小売店、消費者の5者を納得させられるかを真剣に考えないといけないわけです。

農山村という地域性を考えれば、山村クラフトの場合、ユーザーまで過程をもっと短くすることはできるでしょう。たとえば、庭先で地域の人に販売するとか、小売店に直接売り込みにいくとか、努力次第で何とかなるものです。しかし、手段ばかりを考えていては作品に普遍性が生まれてきません。基本的に流通の5つの過程を満足させられるシステムをつくっておけば、どこに持っていっても売れるものになります。

自分の作品の売り方を地域内流通（町内）、地域外流通（県内）、県外流通（東京など遠隔地）に分けて整理しておくことが大切です。自分ができない部分をだれかにカバーしてもらうことが、流通経費であることを理解しておくことです。

これらの合計が小売価格となり、これに消費税をプラスしてもユーザーが買いやすい「値頃感」のあるものになっていれば、合理的な価格であり、それは信頼される条件のひとつともなります。

販売者はものを並べるだけではなく、使い手が製品を楽しく選ぶ舞台である店や会場で、使い手に必要な情報や、その場を美しく飾る草花などを準備しておくことが必要です。接客経験が豊かな要員とその交代要員の確保、家賃や包装材料、電話代や光熱費などの経費も必要で、売る経費はつくる経費と同じように重要であることを理解する必要があります。

価格の設定

商品に値段をつけることは最も関心が高く、最も大切な仕事です。それだけに難しい仕事で、適正な価格とは何か？「値頃感」とは何か？　それはどうやって決められるのか？　など、最初はクラフトマンにはわからないことばかりだと思われます。

一般的に商品の値段とは生産に要した経費と、開発に要した経費などを合計したものに、「値頃感」が考慮されて決められています。「値頃感」とは、開発された商品と同等の分野、または同等の似通った商品がすでに売られている場合に、その値段について比較・検討し、買いやすいと判断する値幅のことです。つまり、価格とは、生産から販売までのす

椀1個の価格算出参考例（上代価格4,600円、下代価格2,300円の椀の場合）

費目	内訳	算出例（円）	最終小売価格に対する占有率
原材料＊	木材、接着剤	200	4.3%
加工費	1次加工、2次加工、仕上げ加工	780	17%
塗料費	塗料、シンナー	90	2%
塗装費	塗装加工費	310	6.7%
諸経費	機械償却費、電気代など	345	7.5%
梱包・発送費	運賃、箱、紙	115	2.5%
営業利益		460	10%
納品原価		2,300	50%
店舗家賃		100	2%
営業費	電話、パソコン、ネット、カーペット	345	7.5%
梱包・発送費	運賃、箱、紙、文房具など	460	10%
諸経費	電気、水、文具、花、茶など諸経費	345	7.5%
人件費		590	13%
営業利益		460	10%
町内小売価格〈最終小売価格〉	消費税別	4,600	100%
町外小売価格	消費税別	4,830	105%
県外小売価格	東京デパート、税別	5,060	110%

注　＊原材料について

木材の価格参考例（ケヤキの場合）

費目	価格
ケヤキ1m^3	50,000
製材費	50,000
乾燥料	50,000
販売営業費	50,000
利益	25,000
合計	225,000……（A）

（A）の結果から、乾燥材1m^3の販売単価（税別）は225,000円となる

椀1個の材積　$0.12m \times 0.12m \times 0.065m = 0.000936m^3$
$0.000936 \times 225{,}000 = 210$……（B）

（B）の結果から、椀1個の原料代を210円とした

原価の簡易算出方法

	費目	内容、計算方法
①	原材料代（木材）	製品歩留りを50％とみる
②	人件費	1次加工（乾燥作業など）
		2次加工（製品加工）
		仕上げ加工（単価×作業日数）
③	諸経費	機械使用料、電気代、生産設備償却費、デザイン料
④	製造原価	（①原材料代＋②人件費＋③諸経費）／生産量
⑤	一般管理費、利益	④製造原価×●％　　＊●は数値
⑥	梱包、運搬費（製品1個あたり）	
⑦	総原価（製品1個あたり）	④＋⑤＋⑥

「林業では価値が低い材」に高い価値を生む6次産業化の効果

（林業では価値が低いとされる15年生のクヌギ1本を6次化により加工商品にした場合）

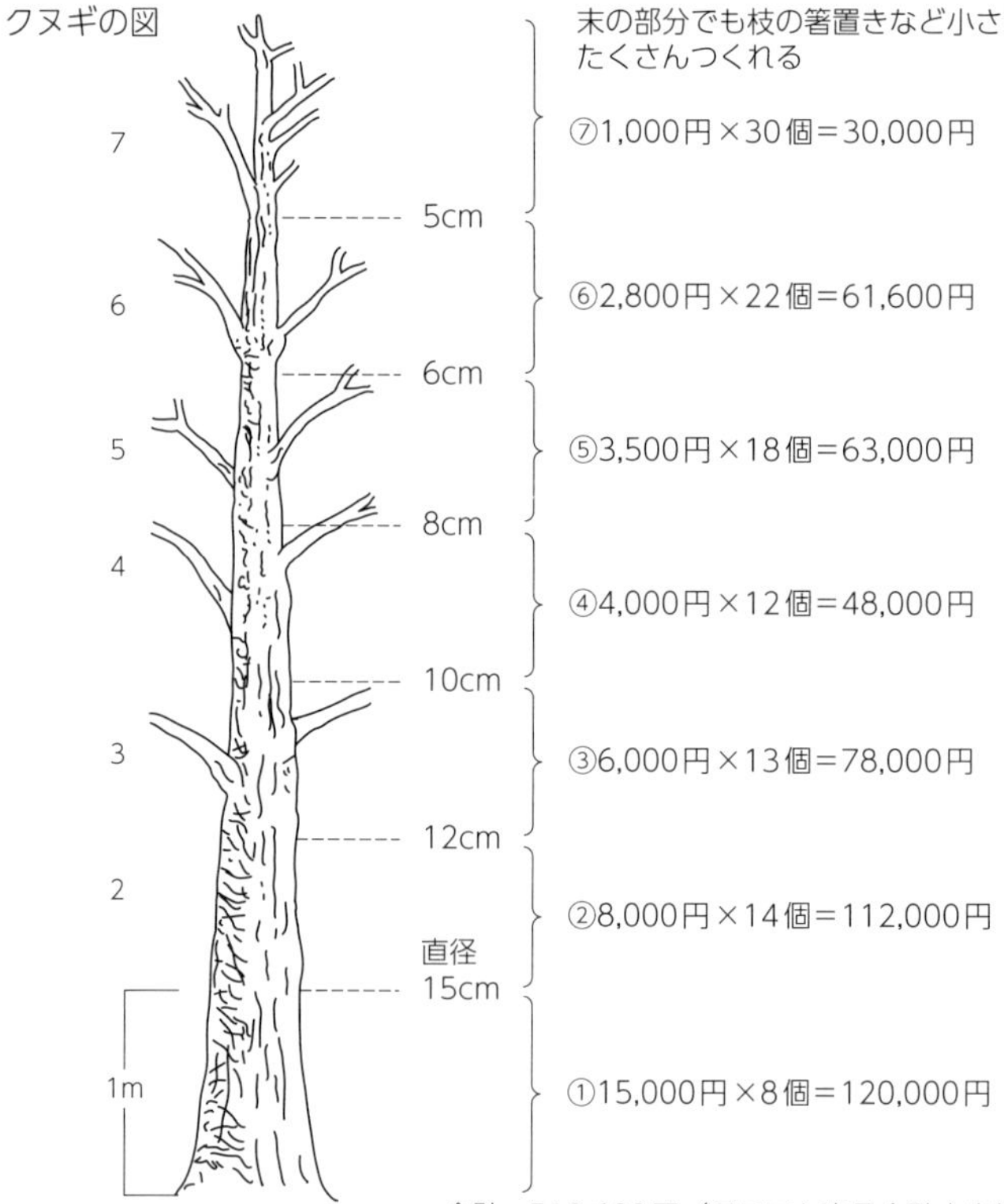
末の部分でも枝の箸置きなど小さな製品が

合計　512,600円（クラフト商品合計小売価格〈上代価格〉）

生産経費は上代価格512,600円の1/2となり、256,300円。15年生のクヌギ2本を加工すると、生産者の手取り経費は512,600円となり、この内約40％（205,040円）が生活費に活用できる

べての作業の結果なのです。

すべての作業を抽出すると、133頁の表のような費目になります。日常の行動はそれをさらに細分化したものになります。

通常、生産に携わる側からは、生産に要する経費は理解されやすいですが、流通にかかる経費は見えにくいものです。その流通にかかる経費は、生産にかかる経費と同等とみるのが妥当で、ものによっては流通経費が生産経費を上回ることも多いものです。したがって、木の食器の最終小売価格は生産原価の2倍を目安にすることになります。

流通の仕事では、生産者は通常、製品を特定の取引のある卸商、または小売店へ出荷します。自ら行なう販売方法には、いくつかのケースがあり、それぞれに必要な経費が伴います。

自分でショールームやアンテナショップを持っている生産者の場合はショールームを維持していくための経費がかかります。ショールームは小売業であり、一つひとつの商品を販売します。展示会や通信による販売も行ないますし、さらに例外として訪問販売を行なうこともあります。

生産者は通常販売しませんが、最近は消費者の工房巡りなどがあるため、生産現場での販売も増えています。また、地域の活性化が図られている中で、生産者も地域の催事や物産展などへの参加の機会が増えており、これらの場でも流通のおもしろさと難しさ、煩わしさを経験することでしょう。

長く愛用される良質な品格に、改良を惜しむな

道具づくりができるということ—修業時代とは

自分の使うものを自分でつくる段階では、つくる楽しみと喜びがあり、満足感にも浸れますが、社会に提案するとなると、ハードルが一気に高くなります。著名なデザイナーであっても5〜6回の改良は普通に行なわれています。その結果「長く愛用してもらえる」ロングラン商品として信頼が高まるわけです。改良を惜しまない姿勢はクラフトマン自身の喜びとなり、クラフトマンシップが育まれていくことにもなります。

自分が思うものをつくりたいとき、必ずしも便利な道具がそろっているわけではありません。道具に頼ると道具がないからつくれないということになります。これでは新しいものはつくれません。世の中に必要なものをつくるには、それをつくるのに必要

な道具づくりから始めなければなりません。必要な道具がつくれるということは、新しいものがつくれる証です。そのようになるまでは一定の経験を積み重ねる時間が必要となりますが、これが即ち修業期間ということになります。修業が深まるにつれ、つくれるものは手際よくスマートになり、「加工美」が生まれ、商品は輝きを放ち、魅力が備わってきます。熟練の魅力は時間だけではなく、道具の改良を怠らず、自分自身が道具をつくり、道具になるという点にもあります。完成度の高いモデルを常に手もとに置き、目標を高く志すことで販売も安定してくることでしょう。

技術自慢ではないクラフトマンシップと提案力

山村クラフトの有利性を生かし、生活者を豊かにするデザインを考え、行動することがクラフトマンシップです。そのことを学ぶ目的で、人と人との交流を行なって信頼を深めることが必要です。ユーザーの好みや意見に直に接することができる展覧会も大切なチャンスです。そこからつくり手として誠実に答えを出し形にすることが、提案力を伴った魅力的な商品をつくるものづくりといえます。

時代に合った生活用具をつくる

生活者のニーズに応えることは大切ですが、時代を読む生産者の勇気と提案力が最も大切です。どんなに工業化社会が便利に発展しても、人間が生きものとして植物や森林に守られているという日本人の自然観・生命観は変わりません。

山村クラフトは、便利で奇抜なものを提案するより、心から癒される自然環境を身近にもつ優位性とそれが現代社会にもつ意味を考え、このことを背景にデザインした生活用具を提案することを時代に合ったものづくりとすべきでしょう。

山村に暮らす人々の環境は単に田舎だから素朴でいいのではなく、田舎でなければできない良質なものを生み出す環境があるということです。これによって、都市社会の人々も命のリフレッシュができる新鮮な場所を得ることができます。

山村クラフトは、現代に生きる人々の生活と林業と自然環境をつなぐ情緒産業として存在します。令和の時代に必要なものづくりが山村クラフトである、といえるでしょう。

地域のデザイン

地域との関係性の中にあるデザイン

山村クラフトにおいて生産者は、単にものをつくって売るだけではありません。農山村の新しい社会性、経済性、文化性をつくるという心がけをもつことが必要です。農山村の新しい食の器を美的に設計し、つくるという生産のデザイン（狭義のデザイン）と、美しい食器が生まれた背景のデザイン（広義のデザイン）をものづくりに生かしていかなければなりません。

この背景のデザインとは、安全で滋養豊かな食材を育てる美しい心がけの人々（農林漁業の生産者など）、その人たちが大切にしてきた美しく演出する

コラム

デザインは意匠ではなく設計である

デザイン評論家だった小池新二さんと親交の厚かった日田産業工芸試験所当時の私の上司、塩塚豊枝さん（元・日田産業工芸試験所所長）から、良質なクラフトのデザインにはふたつの要素があることを学びました。

ひとつは、「狭義のデザイン」といわれるものです。材料・加工技術・形・模様・色・強度などの要素が美しくまとめられた設計から良質なものをつくり、ものそのものを生み出すデザインです。

それに対し、「広義のデザイン」と呼ばれるものがあります。それは、そのものが生活現場で愛用されるようにつくられたその理由や、背景の物語、売り方や使い方の説明など、愛用されるものをとりまく関係性を考えたデザインです。

このふたつのデザインを統一して、一枚の設計図にまとめて考えるのが、普通にいうところのデザインというものだというものでした。

大いに納得するものがありましたが、それでもどのような視点で設計図の内容をまとめればよいか、いざ具体的な場面に立つと、思い悩むのがつくり手の常ではあります。

食卓、料理を美しくおいしく見せる器にふさわしい料理とそれをつくる人々などとの関係性の中にあるデザインです。さらに流通のデザインや、従来のような与えられたものの中から選ぶだけの消費社会から、より積極的に「誂える」という意志的行為をベースにした愛用的循環型社会へと、その生活スタイルの転換を提案する生活デザイン、省資源で地球環境の保全へ向けた環境デザインなどがあり、生産者はこれらとの関係性を自覚してデザインに生かすこと、これが大切な時代となっています。

地域の環境や素材を生かす

主原料の選択

山村クラフトは単に木工製品をつくるだけではなく、地域の固有性を探し、そして創りながら、森林資源や人的資源を生かす工夫をしています。そこから固有の技術も生まれ、文化が生まれます。そして、暮らしにも変化が生まれ、生活の中での知恵や工夫が豊かになり、暮らしやすくなった環境には人も集い、それが観光に発展していきます。

素材、加工技術、色、形、機能など総合的に良質に美しくまとめる設計が広義のデザインです。

主原料の選択はデザインの重要な要素の一部であり、それは歴史や美しい習慣、風土の特徴を表現する過程で自ずと決まってきます。たとえ他の地域と同じ素材となっても、また同じ形状の椀であっても、その土地固有の生い立ちを持っていれば、その土地にしかない必然的な個性となり得ます。あえて他の地域と個性を競う必要はないのです。

大切なことは自分の地域の物語の必然性を愛し、地域内需要を高めることです。そして、地域の食と器の美しい関係を築くことで、その地域の個性となります。

山村クラフトでは、どのような樹種が材料になるか、例をあげてみます。

北海道置戸町ではエゾマツ、シラカバ、トドマツ、

しあわせの木の葉皿

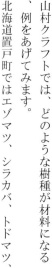

岩手県大野村ではアカマツ、ケヤキ、セン、宮城県津山町ではスギ、ケヤキ、島根県匹見町ではミズメ、トチ、ヤマザクラ、大分県大山町ではウメ、大分県湯布院町ではクヌギ、スギといった樹種が使われています。

また、「木の活用」を「樹の活用」と文字を変えてみる、「木」を「樹」としてみることで、視点が広がり、生活の場面が新鮮にイメージできます。樹を根元から枝先、葉と活用を考えると、従来の木工とは違った広がりが見えてきます。かつて行なわれていた農山村の手内職や先人の知恵を、現代の生活者の目線でリ・デザインすると、伝統を現代風によみがえらせることもできるでしょう。

地域に合った技術を探す

山村クラフトで評価の高いデザインの要素には、地域性も含まれます。地域性に代表されるものは、地域特有の樹であり地域の人です。地域の資源を活用するために、地域の人が技術を高める必要があり、同じ椀をつくっても、素材が違い、人が違えば、

使い手には 間伐材も廃材も関係ない

林業の発展過程で発生する間伐材や、小径木や曲がり材、風倒木などの、林業のシステムでは価値が低いとされている木材も、山村クラフトでは林業と同等、またはそれ以上の経済価値を生み出せます。なぜなら人の手の力と心で、癖のある木ほどその魅力を引き出すことができるからです。

人の手で行なっていますから規模が小さく、木材の使用量が少ないために、大型化する林業とは相いれません。しかし、量と質の違いはありますが、手と機械の両面から森を守る思想を高めることが大切であり、必要です。これと木材を生かしてつくられた生活用具の使い手から見ると、木が適材適所に生かされた魅力ある生活用具であれば、間伐材であっても関係のないことであり、製造現場の工夫の問題にすぎません。

廃材も無価値な木材も、山村クラフトで木の魅力が生かされます。山村クラフトで林業と等しく森を守る思想は、人類共通の重要な思想であるべきで、こうした思いを共有できる関係を大切にしたいと思います。

違った椀が生まれます。これが地域性であり、さらに地域共有のキャッチフレーズを考え、地域を演出し、地域を発信する。これがまちづくりの手法となります。

たとえば、大野村のように新しく技術を移植しても、これから産地になるかどうかわからない地域に、難しい伝統的な技法をいきなり持ってきても、最初は珍しくて見ていますが、だれも手を出さないでしょう。「自分たちにもできる」という実感がなければ、長く続かないものです。

地域の人に関心を持ってもらうには、まずこちらがその地の暮らしや慣習や伝統行事、資料など、地域の基本的なものを大切に思うことが必要です。また、地域の人がそれを生かすことを喜びにするには、だれもができる技法の選択、人に見られても恥ずかしくない形と環境を整えてやらなくてはなりません。そして地域の人々がやがて技術を習得したことを誇りとするためには、社会との関わりを大切にする、新しい技術習得のデザインがなければなりません。

新興産地が産地として伝統産地に対抗し、追いつくためには、工夫と改良を惜しまぬ楽しさがそこにあることが大切です。

本書で紹介した、プレポリマー加工は、山村に暮らす人々に新しいやさしい技術として提案する技法のひとつです。

いずれの伝統産地も新興産地の時代があったはずですが、新技術を長年継続したものが今日、伝統技術といわれているものです。その新技術を地域に導入し、根付かせていったのが、今でいうところのクラフトマンたちでしょう。時代の生活の変化に技術が対応することができるか、資源を技術によって対応させ、生かすことができるかが大事です。そうした気構えがなければ売れるもの、人々が欲するものはできないでしょう。それは現在の伝統工芸産地も同じだったと思います。技術は自慢するものではなく、足りないものを補って、美しく良質なものの生産に向けるためのものです。

このニーズへの敏感な対応は、クラフトに限った話ではありません。すべての「何かを売る（提供する）産業」に共通していることです。たとえば今、木材が売れないといっても、日本の多くの人がスギやヒノキの家に住みたいと考えています。しかしどの工務店、大工に頼めばいいかわからない。情報がないのです。そうした在来型の住宅メーカーの営業努力やアフターケアが足りない、情報がない。一方で、そうした在来型ではない住宅メーカーが、営業努力やアフターケア、宣伝に力を注ぎ、住まい手（ユーザー）に親切に接して、一種の安心感を提供して客を確保しています。その点では、日本の大工・工務店は不親切と言わざるを得ないでしょう。そこには技術や品質に対する過度な謙遜があるのかもしれません。

昔は、家を建てるという作業の中に、川上から川下までの多くの職業の人たちが関わり、つながっていました。当然、林業はその大きな流通の中の重要な一部門を担っていました。しかし、今の住宅産業は木材の代替材料によって維持され、消費者は満足していません。住むなら木造建築の家に住みたいと考えているにもかかわらず、林業側から「いいもの」を提供しようとする積極的な動きが足りなかったと思います。

木材の消費のためには、川下から川上へと学び直すこと、そして失った川上から川下への新しいサービスを消費者に提案すべきです。山村クラフトの情報も、こうした心あたたまるサービスのひとつになってほしいと思います。

まちづくりは「風景」と「おいしいもの」のふたつが大切

人はみんな美を求め、美しいものに憧れを持っています。美しさとは人間の創造の一番高いところにあり、美しいものを創造することが、人間が人間である証だと思います。山村クラフトでは、生活を豊かにし、楽しく暮らせる美しい生活用具のデザインを創造していかなければなりません。

他方、まちづくりには「風景」と「おいしいもの」のふたつが重要です。「風景」の美しいところに人は足を運ぶもの、これが観光です。美しい風景はまちの人がつくるもの。自分の土地に木を植えれば、ひとりでもまちづくりはできるけれど、並木として景観を整備するには行政プランが必要です。また、「おいしいもの」は、地域の農家や酪農家が新鮮な素材を育て、食べものと人と土地が密接に結び合っていることが大切です。こうしたおいしいものを盛る器を、山村クラフトでつくりましょう。

伝統工芸といわれるものが１００年も続いているのは、その土地の地域内需要が非常に高いからです。職人は暮らしの道具を楽しむ人に使ってもらって育てられているのだから、器だけを売っても意味がありません。生活を豊かにするデザインで誠実につくり、販売したい目利きの人が、売り場でその作品をお客さんに説明しながら交流を深める。その先には日々の生活を大切にする愛用者の社会生活があります。そうした全体がクラフトであり、クラフトは単なるクラフトという「もの」ではないのです。

　地域の食材で料理したものを地域の器に盛りみんなで食べ合う。そんな楽しいことが学校給食で教育の中に生かされ、地域内で愛され、使われるコミュニティーの中に風景や生活文化を育んでいきます。

　行政主導も大切ですが、民間のコミュニティーに地域づくりの発想が実っていくことはとても素晴らしいと思います。

森を守る地域経済は国土と地球を守る

　風土性を持たない工業化社会が進展すればするほど、山村クラフトの役割は高まってきます。地域がつくりあげてきた知恵や技を生かしてデザインし、ものと流通、暮らしのそれぞれのデザインを組み立てられれば、ローカル性とグローバル性を兼ね備えた、都市社会の人々にも共感を呼ぶ、品格のある良質な特産品が生まれてきます。それがその地域のデザインとなって、クラフトマンが生活をデザインする力にもなるのです。

　山村のもうひとつの大きな役割は、木を植え、木を育て、森を守り、地球温暖化防止の理念に立って林業と農業とが互いに支え合っていくことです。これは全人類共通の課題であり、安心して木を植え、森を守るシステムは何としても必要で、地域経済が確立されなければ地方経済は疲弊し、国家の基盤も弱くなります。都市経済が健全であっても、人の心は疲弊し、帰るべき古里も消えてしまうのです。

　ものづくりのデザインは「地域づくりのデザイン」でもあり、地域の豊かさをみんなで発信する「人づくりのデザイン」で、「地域共生」が地域の魅力となって外から訪れる人々を惹きつけ、多様な魅力はこうした外から訪れる人によって培われます。人を惹きつけるには技術力と生産力が重要なポイント。生産には有形の生産と、サービスや情報、心くばりなど無形の生産のふたつがあり、双方がそろってこそ地域は輝いていきます。

コラム

実演・注文・販売もする
生活情報館としての熊本県伝統工芸館

熊本出身の故・秋岡芳夫さんの指導で建てられた熊本県伝統工芸館は、これまでの鑑賞するだけ、観るだけの工芸館とは異なり、「手で観る工芸館」、「誂えがきく工芸館」、「市のたつ工芸館」の3つの基本をコンセプトに、1982（昭和57）年、熊本城隣にオープンしました。

それ以来約40年近く、県内の伝統工芸品の需要開拓や振興を目的としつつ、それ以外の日本全国の工芸産地を代表する職人やクラフトマンがつくった、思わず使ってみたくなる工芸品も「生活提案」の展示で紹介し、販売する企画展を軸に事業が続いています。開館の翌年に始まった公募展「暮らしの工芸展」も継続されていますし、毎月県内の職人がひと月交替で製作作業を実演し、展示品に手で触れ、誂えや買い物もできる、驚きと新鮮さのある画期的な工芸館です。

地域の暮らしは地域で生産されたモノで支えられていることが原点。暮らしが豊かになることとは、モノを大切に使い、次の世代へと豊かさを受け継ぐこと。そして伝統文化を育て、地域の魅力と特性を生かし、発信していくことです。これらを信念としていた当時の学芸員坂本尚文さんの長年の指導で、熊本県伝統工芸館は今も熊本県民の生活情報館であり、人を育む工芸館であり続けています。

コラム

比べて知るかたち
デザインを磨き、技術を向上させる道

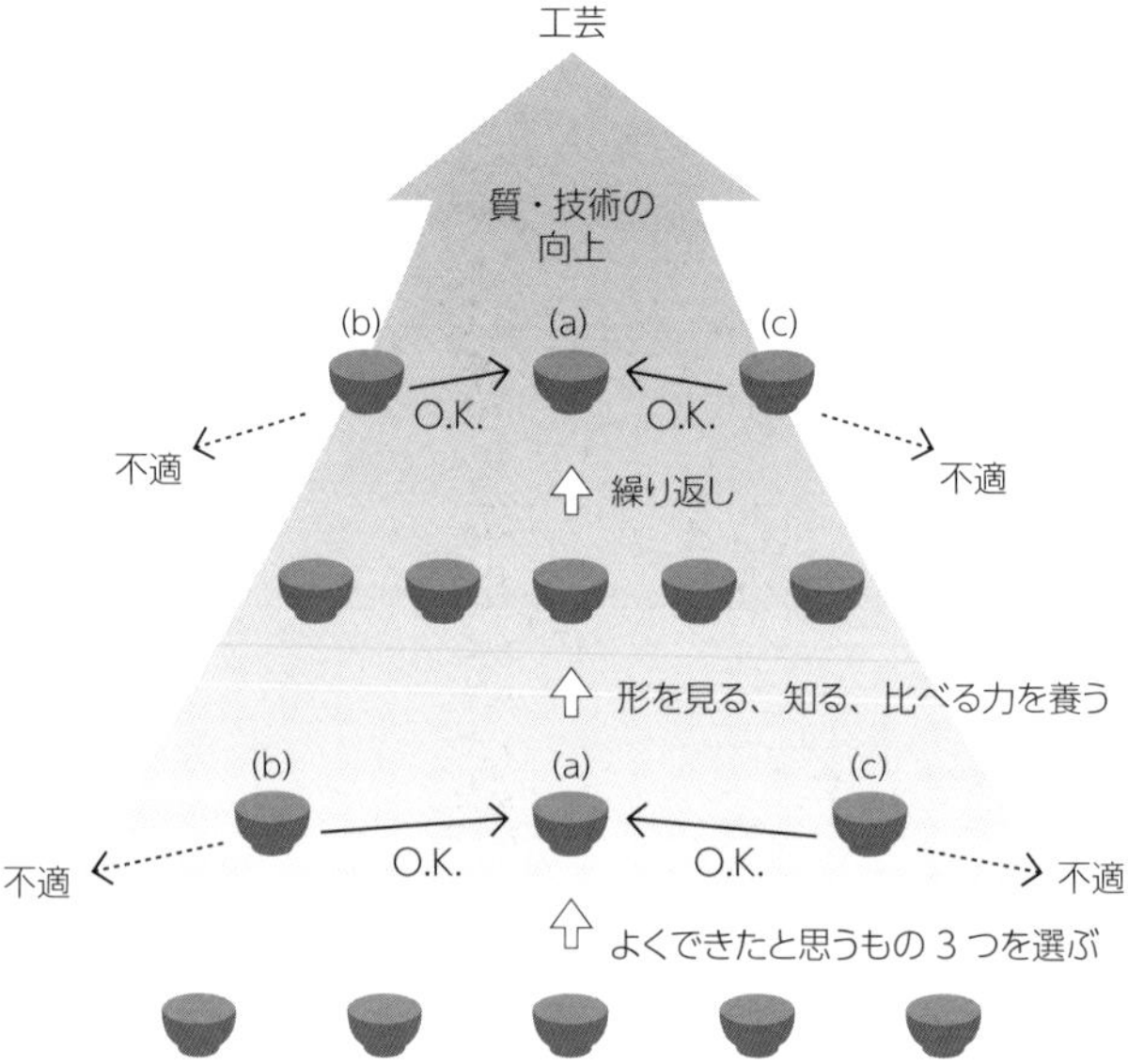

技術習得を促し、確実にセンスと技量を身につけて自信をもつようになるには、次のような方法をとることをおすすめします。

まず、同じデザインで複数つくった品物の中から、自分がよくできたと思うものを３つ選び、1m 離れたところから見るようにします。よくできたと思うものを左から順番に（a）（b）（c）… と並べてみてください。

次に（a）を中央において、左から（b）（a）（c）と並べ替えてください。(b) より左にあるものは次回からはつくらないと心に決めます。同じように（c）より右にあるものも次回からつくらないと決めます。(b)（c）の間に収まる品質を見極め、次の目標とし、(a) だけを自分の技術向上の記録として保存するようにしてください。

あとがき

2019（平成31）年3月、私は島根県の山村クラフトの指導先からの帰途、新幹線の車内で、まったく思いもかけずに心臓に不調を来たし、山口大学医学部付属病院に入院しました。さいわい心臓バイパス手術によって一命をとりとめ、地元の湯布院病院に転院しましたが、この間5か月あまりの休養を余儀なくされました。この休養中に見舞いに来てくれたモノ・モノの菅村大全さんから、同社前社長で亡くなられた山口泰子さんを偲んで、22年前に私が書いた『山村クラフトのすすめ』を再刊してはどうかとすすめられました。

改めて読み返してみると、若さにまかせて言い放った拙文が少々気恥ずかしくもありましたが、同時に、ここ20年の間の時代の変化と経験、それにこの間の私自身としては多少進歩したと自覚している内容に新しい情報も加えて、木工クラフトを志す方々へ届けたいとの思いが募りました。

本書の冒頭にも登場する秋岡芳夫さんは、工業化社会の限りない発展の中にあっても、人間が手を使ってものを創造し、工作する喜びを失わないことが人間の尊厳を守るには大切だと説きました。どんなに技術が進もうと、手仕事とのバランスのとり方が肝心なのだと。手仕事を生業とする職人の社会参加が不可欠だとして、職人たちを支援してくれた秋岡さんの教えを思い返し、森を守る存在である農山村の人々とともに育てられた私が、その過程で得た情報を、木工クラフトを志すすべての人々の今後に少しでも参考になるよう届けたいと願い、前著を参照しつつ新しい気持ちで本書をまとめました。

木は偉大なものです。私は農家の三男として生まれたのですが、中学生のころ、父は私を修学旅行に出すために屋敷林の木を伐り、それを売って費用を工面してくれました。このときに私の中に、木は偉大なもの、ありがたいものだという畏敬の念が生まれました。切ってしまった木に「すまんことをした」と言っているような、父の背中を思い出します。

昔、農家は病気や災害のような不時の出費に備えて木を植え、そのときが来れば神様にお許しをいただいて伐採し、生かしました。農家だけでなく多くの学校でも、「学校林」を持ち、この学校林から伐り出した材木の販売代金で、校舎の修理や運動具、楽器の費用も賄ったものです。そうした事実も今日では忘れられていますが、岩手県大野村の木の学校給食器にも、そうしたかつてのストーリーが基盤にあります。木は暮らしを支え、私たちの生命を守り、私たちより長く生きて地球を守る、尊い存在です。

私の工房は、緑の大小200本あまりの木々に取り囲まれています。この屋敷林は、すべて自分の手で植えたと言いたいところですが、半分以上は鳥が運んだ種から芽が出たものです。工房をとりまく木々を見るたびに、私は木の力と自然の循環を感じます。

森はひとりでも自然に成長します。そして毎日眺める緑さえも多様性に富んでいる。小さな屋敷林であってもやすらぎの緑、景観の緑、生活利用の緑、食べられる緑、水を生み出す緑として、活発に私たちの生命を支えてくれています。世界にも誇れる日本の山村の景観美が、私たちに自然との対話を誘い、簡素・明快・優美・繊細・精微な日本特有の美意識を育ててくれます。すべての木は立っているだけで意味がある、私はそう思います。

日本の森を思う「守り人」がひとりでも多くなってほしい。林業とともに森を守る暮らしを続けながら、山村クラフトが趣味に、副業に、生業に、人生の裏作にとさまざまなかたちで営まれること、その結果として豊かで楽しく生き生き生活できること、これが私の求めるものです。これこそまさに「クラフトマンが生活をデザインする」ことであり、地域活性化のエネルギーになることだと思っています。

山村クラフトに取り組んでいる人だけでなく、いろいろな問題を抱えながら明日の地域を考えている人たちにとっても、新しい令和の時代が、高齢化社会であろうとも、美しく平和な環境であることを祈っています。本書が、地域の資源を生かし、山村で生涯働ける仕事をつくることに役立てば、こんなにうれしいことはありません。

最後になりましたが、体調の万全でない私を辛抱強くサポートし、付き合ってくださった菅村大全さんと写真撮影をお願いしたカメラマンの吉崎貴幸さん、農文協編集局に深甚の感謝を申し上げます。

2019（令和元）年12月　時松辰夫

教え子から見た時松辰夫

手を動かすといえば、仕事でパソコンのキーボードを叩く程度でした。なんのとりえもなく不器用だった私の十本の指は、今では数ある木工道具のひとつのようにフル稼働して木のスプーンをつくっています。

私にとって時松辰夫先生は、木工の師というだけでなく人生の恩人といってもいいほどの存在です。岡山の田舎に住み、木が好きで木に関わる仕事をしたいとずっと思っていたのですが、独学で切り開いていくだけの才能もなく悶々としていました。時松先生を初めて知ったのは、『季刊 地域（農文協2010年5月号）』という雑誌でした。「どんな木でも暮らしに役立つ道具になる」、この文章を読んだときに胸が熱くなりました。田舎の自然を生かす方法はこれだと衝撃を受けました。そして、初めて時松先生のスプーンを見て感動しました。それまで木工品にはあまり興味がありませんでしたが、そのスプーンは品があり、優雅で美しく、持ちやすく、それまで見たことのないものでした。これをつくりたい。こんなスプーンを私もつくれるようになりたい。そう思って時松先生の木工の世界に飛び込んだのが2015年のことです。

今、たくさんの木工作家さんが手彫りなどで木のスプーンや木工作品を製作し活躍しておられます。買う人にとって、いろんな木工品を選べることは大切なことで、私も励みになっています。時松先生はご自身のことを木地師、とおっしゃいます。「木工デザイナーでもなく、クラフトマンでもなく、木地師なのですか?」とお尋ねしたことがあるのですが、「木地師が好きなのさ」と答えられます。木地師というと、一般的には漆塗りのお椀などの木地をつくる人のことを指しますが、先生の木地師という言葉にはもう少し深い意味があるように感じています。

木地師として、時代をこえた普遍的な用の美を、確かな技術でつくり続けていくには大変な時間がかかります。時松先生は、古くからの木地師の歴史と文化に最大限の敬意を表しつつ、その技術を基盤として、漆用の木地をつくるだけにとどまらない、新しい自由な表現方法を木工の世界に生み出したのだと私は考えています。そのひとつには、クラフトという軽やかで新しい考え方を取り入れることで、従来の木地師をこえた、新しい次元の表現者としての木地師という存在を創りあげたのだと感じています。これは、私自身が漆塗り用のスプーン木地をつくる仕事もするようになったことで、ますます強く感じていることです。

以前、時松先生のデザインによるカレースプーンをつくったものの、その形のぎこちなさに悩んでいたとき、先生から助言をいただいたことがあります。「空を流れる雲のように、その流れるようなリズムの形のスプーンをつくりなさい」。深い言葉と感じています。1本のスプーンという形のバランス、とぎれることのない、波打つような、一筆書きできるようなそんなスプーンをつくろうと心に刻みました。それは、無心につくる私とスプーンがぴたりとひとつになるとできるものだろうと最近感じています。そして、私のつくったスプーンたちは、私自身を主張しないスプーンでありたいと感じています。作家性とは無縁の、個性をそぎ落とした、流行に左右されない美しさと使いやすいデザインです。時松先生の造形への眼力、これは私が最も憧れるところでもあります。

同時に、植物や自然に敬慕の念を抱いておられることを軸として、さまざまな木を生かしきることについて、時松先生以上の人を私は知りません。銘木といわれる高級木材は当然素晴らしい。一般に流通している木材ももちろん素晴らしいです。でも、銘木でなくとも、流通している木材でなくとも、身近な環境で育った普通の木も、それは有用であり、素敵で、素晴らしいのだということ、そのことを教えてくれたのが時松先生です。いろいろな木の魅力を生かし、木の可能性を探り、見たこともない美しい作品をつくり出す、わき出ずる泉のような創造的精神は、ただただ「すごい!」の一言につきます。

長い間、つくり手であること、木工を指導することを両輪にして歩んでこられた時松先生ですが、その先生にも木工の先生たちがいました。先人から受け継いだ技術を、ご自身の感性でとらえ努力して創意工夫を重ね、独自のと言ってもいい豊かな木工の世界をつくってこられた時松先生には、本当に頭が

スプーン製作中の岡本友紀子さん(写真:加藤晋平)

下がる思いです。

　この先いつか、木のスプーンをつくりたい人が出てきたときに、私には時松先生のように何かを伝えることができるだろうか、と考えることがあります。時松先生の考え方や技術は、木を好きで、木工をやりたい人が受け継ぎ、受け継がれ、木工の世界を更に広め続けていかなくては本当にもったいないことと感じています。私は今、自分がこうしてつくり手として仕事をさせていただいていることに感謝の言葉もありません。木の豊かさとつくる歓びを、時松先生の教え子のひとりとして、また新米の木地師として、私も伝え続けていこうと心に決めています。

　そのためにも一層、これからも楽しく明るく、精進してまいります。


２０２０（令和2）年5月吉日　　岡本友紀子

●木工スクール

ウッドターニング YKW（木工旋盤教室）
〒 331-0814　埼玉県さいたま市北区東大成町 2 丁目 420-12
TEL:048-668-0039　http://yasushikawaguchi.com/

長野県上松技術専門校（職業訓練校）
〒 399-5607　長野県木曽郡上松町大字小川 3540
TEL:0264-52-3330　https://www.pref.nagano.lg.jp/agemagisen/

岐阜県立森林文化アカデミー（専門学校）
〒 501-3714　岐阜県美濃市曽代 88
TEL:0575-35-2525　https://www.forest.ac.jp/

ツバキラボ（木工旋盤講習）
〒 502-0801　岐阜県岐阜市椿洞 1228-1
TEL:058-237-3911　https://tsubakilab.jp/

NPO 法人グリーンウッドワーク協会（グリーンウッドワーク体験）
〒 501-3701　岐阜県美濃市 2973 番地 1
（問い合わせはメールのみ）https://www.greenwoodwork.jp/

ナカジマウッドターニングスタジオ（木工旋盤講習）
〒 580-0042　大阪府松原市松ケ丘 3 丁目 610-1
TEL:072-331-6077　https://www.nakajimawoodturningstudio.com/

●研修制度

オケクラフト作り手養成塾
〒 099-1100　北海道常呂郡置戸町字置戸 439-4 オケクラフトセンター森林工芸館
TEL:0157-52-3170
http://www.town.oketo.hokkaido.jp/kyouiku_bunka/kogeikan/youseizyuku/naiyou/

大野木工クラフトマン研修生
洋野町役場大野庁舎地域振興課
〒 028-8802　岩手県九戸郡洋野町大野第 8 地割 47-2
TEL:0194-77-2111
http://www.town.hirono.iwate.jp/docs/2018032000026/

石川県挽物轆轤《ろくろ》技術研修所
〒 922-0111　石川県加賀市山中温泉塚谷町 270
TEL:0761-78-1696　http://yamanaka696.org/

●材料・道具の販売

木固めエース普及会オンラインショップ（木工塗料販売サイト）
〒164-0001　東京都中野区中野2丁目12-5 メゾンリラ104 モノ・モノ内
TEL:03-3384-2652　https://kigatame.com/

eTREE（木材販売サイト）
〒108-0014　東京都港区芝5-14-14 ビジデンス三慶401
TEL:03-6453-9234　https://www.etree.jp/

WOOD SHOP もくもく（木材販売）
〒136-0082　東京都江東区新木場1丁目4-7
TEL:03-3522-0069　https://www.mokumoku.co.jp/

オフの店 Web Shop（木工旋盤販売サイト）
〒424-0102　静岡県静岡市清水区広瀬785-1
TEL:050-3816-0115　https://www.off.co.jp/

ハイテック北村（トキマツ式ロクロ製造）
〒877-1372　大分県日田市大字東有田1309
TEL:0973-24-8011　http://www.d-b.ne.jp/hightech/

●山村クラフト製品の販売

オケクラフトセンター森林工芸館
〒099-1100　北海道常呂郡置戸町字置戸439-4
TEL:0157-52-3170　http://okecraft.or.jp/

おおのキャンパス
〒028-8802　岩手県九戸郡洋野町大野58-12-30
TEL:0194-77-3202　http://www.ohnocampus.jp/

クラフトショップ もくもくハウス
〒986-0402　宮城県登米市津山町横山字細屋26番地1
TEL:0225-69-2341　https://moku2.biz/

有限会社 モノ・モノ
〒164-0001　東京都中野区中野2丁目12-5 メゾンリラ104
TEL:03-3384-2652　https://monomono.jp/

熊本県伝統工芸館
〒860-0001　熊本県熊本市中央区千葉城町3-35
TEL:096-324-4930　https://kumamoto-kougeikan.jp/

アトリエときデザイン研究所
〒879-5102　大分県由布市湯布院町川上2666-1
TEL:0977-84-5171　http://www.ateliertoki.jp/

著者略歴

時松　辰夫（ときまつ　たつお）

木工デザイナー、アトリエときデザイン研究所代表。1937（昭和12）年大分県九重町生まれ。1980年に43歳で大分県日田産業工芸試験所を退官。工業デザイナー・秋岡芳夫氏が指導する東北工業大学の第三生産技術（コミュニティ生産技術）研究室に招聘されて研究員となり、岩手県旧大野村や北海道置戸町で、木工を通したまちづくりに深くかかわる。1991年には「アトリエときデザイン研究所」を大分県湯布院町に開設。後進の指導にあたりつつ、湯布院のまちづくりにも参画。第12回国井善太郎産業工芸賞（1984年）、第36回九州クラフトデザイン展グランプリ（1998年）、第47回日本クラフトデザイン協会 日本クラフト展 日本クラフト大賞・経済産業大臣賞（2008年）など受賞多数。著書に『山村クラフトのすすめ　地域資源を生かすデザイン』（一社・全国林業改良普及協会、1998年）がある。

企画・編集協力：グループモノ・モノ（有城利博、宇野祐子、菅村大全）
写真撮影：門馬央典（表紙）、吉崎貴幸（表紙、本文）
協力：岐阜県立森林文化アカデミー

どんな木も生かす　**山村クラフト**
小径木、曲がり材、小枝・剪定枝、風倒木を副業に

2020年9月5日　第1刷発行

著　者●**時松　辰夫**

発行所●一般社団法人 農山漁村文化協会
〒107-8668　東京都港区赤坂7丁目6-1
電　話●03（3585）1142（営業）　03（3585）1147（編集）
F A X●03（3585）3668　振　替●00120-3-144478
U R L●http://www.ruralnet.or.jp/

DTP製作／㈱農文協プロダクション
印刷／㈱光陽メディア　製本／根本製本㈱

ISBN978-4-540-20113-4
〈検印廃止〉